U0371338

内容提要

本套书是极为难得的风景园林专著。作者集20多年之经历，全面介绍了世界风景园林，内容涵盖了世界70多个国家的150多个经典名园和110多个世界自然、文化遗产以及150多处城乡风物，对世界园林三大体系及各名园与世界遗产都做了专业阐述。共分八卷，欧洲为第一卷至第五卷，美洲、大洋洲合为第六卷，亚洲、非洲合为第七卷、第八卷。全套书从作者实地拍摄的20多万张照片中遴选出7000多张精美照片，观念超前，文字精炼，对风景园林的研究、教学、设计、施工、管理都有重要参考价值。一般读者也可视之为一部直观形象的旅游指南。

世界名园胜境

施奠东 刘延捷 著

IV

德国　捷克　匈牙利　斯洛伐克　塞尔维亚

波斯尼亚和黑塞哥维那（波黑）　黑山　阿尔巴尼亚

马其顿　罗马尼亚　保加利亚

浙江摄影出版社

自 序

时光荏苒,倏忽间已过古稀之年了。这套书,以我的年龄和才识,显然是在向自己挑战。五年前,我不曾想过写如此之作,泱泱世界,难乎哉!2009年春天,我们浙江省的同仁到英国做了一次专业考察,坐在一起,大家在品赏英国园林的同时,提到了一个问题,为什么在当今说不清道不明的这个"主义"那个"主义"、佶屈聱牙的这个"新思维"那个"新概念"满天飞舞的时候,像谢菲尔德公园花园、威斯里花园、布伦海姆宫等这样的经典作品,介绍的文章少之又少,大家的印象竟如此淡漠呢?不少朋友因此再三劝我该写点东西了。于是,原想淡出江湖而沉寂的心弦被拨动了。[1]

人们说西湖苏堤是触发灵感的地方,我家住在湖边栖霞岭下,晚上常去苏堤散步:穿过曲院风荷,跨玉带桥到苏堤三桥——压堤桥回步。夜色下西湖烟笼迷蒙,在桥上凭栏远眺,东顾波光粼粼,万家灯火阑珊;西望云山渺渺,清水沼沼,一片虚濛清寂。我静下心来整理思绪。20世纪初,章太炎先生曾劝他的大弟子黄侃写书,而这位同样的饱学之士回复老师说:"惟观天下书未遍,不得妄下雌黄。"[2] 说明黄夫子尽管日常桀骜不驯、放浪形骸,对写作却是极为严谨。他还说过"五十之前不著书"(可惜天妒奇才,正是在49岁时就归西了)。但太炎先生劝他的一句话,我的印象尤为深刻:不能写书硬去写是"不智";能写而不去写是"不仁"。[3] 事实上,黄侃先生在离世前就早已著书立说了。因为一个人即使皓首穷经,也绝不可能遍读天下之书,果真那样,天下岂不无人写作,读书人也无书可读了么?萦绕在两位大师的对话中,如写,是否是"妄下雌黄"?也许是。但孔子说"七十而从心所欲",我毕竟早到了这个年纪,朋友们不希望我二十多年的积累随我的离去而灰飞烟灭。解开龚自珍的紧箍咒,让风景园林界更多的同仁去了解和认识世界,这或许是一个涉足专业已超过半个多世纪的人应尽的社会责任。于是,我决定"自找苦吃",以不做"不仁"之心,去做"不智"之事。

这五年,我把自己逼进了欲罢不能、欲休不止的境地,既然上了"虎背",就无法下地了。好在浙江有一批同道,特别是有几位学业精勤、事业有为的忘年之交,他们是坚定的同行者,使我的"欲望"不断膨胀,得以持续地出国考察和游历,频频"充电",逐步完善了本书的内容。近年来,"不用扬鞭自奋蹄",整理照片,撰写文字,常处于整日苦思、寝不安席的状态,现在总算有了眉目,石头快要落地了,可谓"十年磨一剑"。

我之所以执意写书,也是出于对风景园林这个专业的挚爱。

我是1957年跨入北京林学院园林学科(当时称城市及居民区绿化)这个门槛的,那是个岁月峥嵘的年代,中国的园林对于大多数人而言,是一个十分陌生的领域。1960年至1961年,学校又派我去云南大学,在曲仲湘先生的指导下,专修了一年的植物生态学和群落学,或许成了这个学科内第一个专修生态学的人。当时,"生态学"绝不像现在这么时新和热络,但今天看来,那段学习经历对于我认识和掌握现代风景园林学科是很有助益的。1962年,我十分幸运地来到杭州为西湖工作。一晃,五十多年过去了。这半个多世纪,我目睹了西湖发生的深刻变化,也经历了这个专业从起步到现在的风风雨雨。

就西湖而言,20世纪50年代初,领导并实施西湖保护和建设的余森文先生,是一位既有东方文化深厚学养,又有西方园林亲身体验的强者和智者。这位当代风景园林界的先驱,早在30年代初就在英国工作、读书两年多,游历了世界二十多个国家,对英国的风景园林认识深刻、钟爱有加。[4] 有此铺垫,在西湖的保护建设中,他才切中要害地提出继承和创新必须互相结合,主张吸收英国自然风景式园林造园艺术的精髓,创建西湖新的园林风格。六十年前,我国当代杰出的风景园林设计大师孙筱祥先生,应余老之请,规划设计了杭州花港观鱼公园和杭州植物园分类园,这两个作品很好地体现了东西方园林互相交融的创新思维,成为我国当代园林史上划时代的经典之作。1993年,美国前总统尼克松再次访华,来杭州看他亲手种植的红杉树。那天中午休息时,陪同来杭的其私人图书馆主任希望深入地看一下西湖园林,于是我陪他在花港观鱼看了一圈,临走时他对我说:"过去我只知道东方园林是日本园林,现在我清楚了,真正的东方园林在中国。"我长期浸润于西湖的环境之中,受到西湖历史文化与湖光山色的熏陶和滋养,一直在寻求如何更好地传承前辈开创的业绩。为此,我反复思考:首先要读懂中国园林这部卷帙浩繁的史书,同时,从了解、认识开始,逐步去读懂西方风景园林这部同样是知识广博丰蕴的史书,这是专业本能所驱、工作所需、职责所系。

就中国风景园林学科而言,我们这代人,经历了开创时期、低潮时期和现在如大潮般的蓬勃发展时期。今天,中国风景园林学已从传统园林学发展为如何处理和协调人与自然和谐关系的前沿学科,目前,正处于学科发展的关键阶段,各种学术观点并存不足为奇,或者说是一门学科发展中的正常文化现象。然而,在我看来,当前风景园林界在理论上或是实践中存在的迷惘和缺失太多,特别在如何正确地学习西方优秀的科技和文化方面出现许多似是而非的问题,很少有人能真实地将西方风景园林优秀的科技及艺术加以消化吸收和融会贯通。六十年前孙筱祥先生做到了,而今天更多的却是简单的模仿和抄袭,生吞活剥,照搬硬套,甚至把一些"垃圾"当做"宝贝"引入国内,以致误导公众,大量浪费社会的公共资源。哈佛的东方文化学者费正清在《中国回忆录》中说:"我们在中国(或者说在世界上)最亲密的朋友要算是梁思成、林徽因夫妇,他们能够将中国与盎格鲁-撒克逊文化传统很好地结合在一起。"当代的中国风景园林界就是需要既勇于创新而又善于创新,把东方和西方文化很好地融合起来的专家、学者。孙先生青年时代没有出过国、留过学,他是在规划设计花港观鱼前,特地到上世纪初上海留存下来的英式中山花园去揣摩,以及从一些国外的园林照片等资料中汲取营养、获得灵感的。历史的转折期造就了他,他以正确的创作思想和创作方法,加上天赋和努力获得了成功。

中西风景园林的融合,要求风景园林师既要了解西方,更要熟悉掌握中国自己的特色和本质。清代张潮的随笔《幽梦影》中有一句"文章是案头的山水,山水是地上的文章"的格言,钱泳称"造园如作诗文",都指的是园林是做"地上的文章"。中国的风景园林学发展到今天,学习西方,其根本归宿仍然是立根于中国的沃土,把自己大地上的文章做好。这需要集中各方面的智慧。我的感悟可简单地归纳为"三字经",或者说是"园之三昧",即:掌握"三相",熟悉"三品",实践"三构",达到"三境",反对"三伪"。

"相"字很难用西方语言表达它的全部含义,在中国文字中,它是个多义词,既可作动词(如"相面"、"相命"等),又可作名词(如"面相"、"命相"等),也可作副词(如"相形见绌"、"相辅相成"等)。《说文解字》把"相"字列入"目"字部,"相,省视也,从目从木。《易》曰'地可观者,莫可观于木'",意思是《周易》上说"地上可以看到的,没有什么能比过树木"。看来在古代,"相"和树木相关。所谓"三相",我指的是造园者必须掌握"相天"、"相地"、"相人"的知识,天、地、人三者的和谐关系是中国文化的核心价值观和生态观,也是我们工作天天接触的关键词。

天,"列星随旋,日月递照,四时代御,阴阳大化……夫是之谓天"(《荀子·天论》)。"相天"者,就是掌握和了解场地所处地区的冰、雪、风、雨、雾、霜、洪、旱、酷暑、严寒等天气和气候的基本情况,日月星辰,天不可违,古今中外,概莫能外,否则就会吞下苦果,造成不可弥补的损失。"相地"历来列为造园要义,《园冶》开宗明义第一篇,"相地"才能"立基"。"相地"者就是要掌握山水关系,地形、地貌变化,山形水态的走向,土壤的结构、性能,地表径流、地下水位等。如果不知"天高地厚",就是盲人瞎马,不可能成为优秀造园者。文艺复兴时期的意大利园林也特别注重"相地","相地"对于造园的重要性,东西方园林可谓异曲同工。

"相人"亦即"相人文",是指深入了解园地所处地域的历史变迁、民情风俗、地域文化、名人轶事,以及当地游人的心理、习惯、爱好、需求等,特别要懂得延续历史文脉,尊重遗产地和历史记忆地的珍贵价值,要让人记得起"乡愁"。要深刻认识到一个不尊重自己历史的民族,是一个没有希望的民族这个普世真理。"天、地、人"的关系处理好了,就能达到因时制宜、因地制宜,造园就有深度、有厚度,能事半功倍。

"品"字和"相"字类似,在中国文字中也有特殊含义,"品质"、"品评"、"品格"以及"人品"、"画品"、"诗品"等。我国早在一千五百多年前,谢赫所著《古画品录》把27位画家分六品品评;齐梁时期钟嵘写《诗品》,品评两汉至梁代122人分上、中、下三品。而很遗憾,我们至今还没有人系统地做过"园品"。我这里所指的"三品",是指造园者在"品园"之前必须懂得"品物"、"品景"、"品神"。

所谓"品物",是因为园林艺术是特殊的艺术,是用物质材料(软质或硬质)构成的艺术品。要像书画家懂得"文房四宝"的优劣、好坏那样,对物质材料性能的优劣、好坏了如指掌。特别是对各种植物材料的形态、生态、生理、生长发育规律、物候、季相等,必须充分掌握。对各类山石的审美特征也应成竹在胸。

所谓"品景",就是熟悉和懂得各种自然山水风景的审美评判,或雄浑劲健,或秀美飘逸,或疏野清奇,或旷达豪远,或幽奇险峻,或绮丽氤氲,等等。风景园林师应该胸有丘壑,要懂得造园的各种形式美规律,如布局的开合收放,结构的缜密空灵,空间的抑扬顿挫,地形的高低起伏,植物配置的疏密层次,等等。在此基础上,才能对景物有正确的把握和品评。当代的不少设计师,只知直线、折线,不知曲线、弧线;只知几何形体,不知自然天成之趣。这样的作品,很难有好景可品。

所谓"品神",即谢赫《古画名录》中绘画六法的"气韵生动",钟嵘《诗品》中的"文已尽而意有余",晚唐司空图《二十四诗品》中提出的"思与意谐"、"象外之象"、"景外之景"、"韵外之致"。优秀的园林要让人产生联想,生发"景外之景"。园林既要有"宁静致远"的淡泊静谧,也要有"野旷天低树,江清月近人"(唐代孟浩然诗《宿建德江》)的旷远空阔,还要有"江畔何人初见月,江月何年初照人"(唐代张若虚诗《春江花月夜》)的情景交融,如此等等。

所谓"三构",即"中外同构"、"古今同构"、"科艺同构"。优秀的园林应该融古与今、中与西、科学与艺术于一体,这样才能称得上佳构。"学古不泥古,创新不离宗"(孟兆祯先生语),学西不膜拜,根基立中国,这样才能使现代风景园林走上正确之路。

所谓"三境",即孙筱祥先生提出的园林要有"生境"、"画境"、"意境"。"生境"者,是指生态环境良好,泉涓涓兮细流,木欣欣兮向荣,鸟语花香,神清气畅;"画境"者,园林要具有诗情画意,入诗入画,如诗如画;"意境"者,即意韵悠扬,境界深远,观之者动心,品之者动情,性灵神运在"景外之景"。

掌握运用"三相"、"三品"、"三构"、"三境"之外,还得反对"三伪"。当今业界乱象丛生,"伪生态"、"伪科学"、"伪艺术"的现象相当严重,而且还迷惑了不少青年学者。

"伪生态"。特别是当前全社会都在重视生态的时候,在有些人那里,把"生态"变成一个筐,什么都可以往里装:绿地率不到30%的大广场被称"生态广场";不到100平方米的方寸水池、几个形式主义的人造"水泡泡"被称为"湿地";营造寸草不生的石砾荒漠被称为"生态主义"的范例;没有一株乔木的"园地"被称为"生态园林";再有,城市中的现有绿地或规划中的绿地以各种理由被占用,建地下车库、地下营业场所,成为不接地气的无地"绿地",还冠之以创建"生态园林城市"。凡此种种,不一而足,而且此风愈刮愈甚,这是对"生态文明"的玷污。

"伪科学"。典型的例子是:最近有人振振有词地提出,城市因洪涝受淹的根本症结在于绿地的标高高了,因此,解决这个问题的"最佳方案"是向绿地开刀,把城市绿地的标高降低到比周边地面低20厘米,成为城市滞洪地,真可谓信口开"溏"。现在风景园林成了炙手可热的专业,各种"专家"都可沾得上边,一些研究城市雨洪控制的专家乘势而上,擎起"景观水文"的牌子,为城市绿地系统杜撰了个新名词,称其为"低势绿地",它的标准是低于周边硬化地表5~25厘米。我不知道这些数据来自何方,是天上掉下来的还是自己杜撰的?看来他们都"忙着抢种别人家的地,而荒了自家的田",但如此毁灭绿地、玩弄概念的"新思维",还真吸引了一批人的眼球。在杭州的一次讨论某个绿地建设方案的会议上,一个年轻的搞城管的公务员面对有几十年园林绿化实践经验的专家扬扬自得地说:"我现在可以颠覆你们的旧观念。"对于这种没有论据、伪造数据、"倾覆"城市绿地,把绿地涵养水源的生态功能沦为泄洪功能的"美丽谎言",我只有"悲"从中来。[5]

"伪艺术"。现在,有一些人根本不懂得风景园林是"地上的文章"、"地上的诗文"的真谛,用绘画中的涂鸦艺术替代园林艺术,在极其宝贵的土地资源上仅凭个人的主观意愿,胡搞一气。更有甚者,把列入世界文化遗产的中国古典园林肆意贬斥为阻碍社会思想文化进步的"小脚文化"、"小脚美学",在国际性学术会议上,把人类的宝贵财富苏州园林与封建时代女人的裹小脚布并列展示,极尽对祖国优秀文化污蔑之能事,不以为耻,反以为荣。而大言什么"大脚美学":提倡校园改为水稻田;拔掉路侧的行道树种上玉米、甘蔗;铲掉公园中的草皮种上麦子。这让我们似乎听到了四十多年前那使园林遭受厄运的"文化大革命"时期的"恐怖"论调,如此"新概念",以"洋"、"新"的面貌蒙骗了不少青年人。具有讽刺意味的是:我们看到过典型的"小脚美学",曹雪芹笔下大观园"稻香村"中有种水稻的描写,但没有看到斯坦福、哈佛等洋校园把草皮改种为水稻。试想,假如纽约中央公园的大草坪被人铲掉改种麦子，被尊为"景观之父"的奥姆斯特德若九泉之下有灵，该作何感想？至于在一些郊野公园、农业生态园中的农业园艺则另当别论。

"三伪"不反，风景园林学必然偏离正常轨道，不可能健康发展。

以上，是感悟，也是我写书的动力之源。我借此向渴求知识的青年风景园林师们进一言：你们若想真正进入这个综合性的知识领域并成就事业，就需要做到观中外、览古今、鉴历史、辨真伪、识美丑。其中，扎实广博的知识是坚实的基础，"读万卷书，行万里路"是必要的历练。"善读书者，无之而非书：山水亦书也"，"善游山水者，无之而非山水：史书亦山水也。"（《幽梦影》）我相信这套书会对勤思好学者助上一臂之力。

本套书分八卷介绍世界六十多个国家（除中国以外）的名园、胜境，其中包括：一百五十多个园林——宫苑、公园、花园、植物园、庄园、别墅、庭园、寺院等；一百多个世界文化和自然遗产、国家公园；一百五十多个城市风貌以及其他人文与自然景观、乡野风貌。所用的照片是从作者实地拍摄的十多万张照片中遴选出来的，可以说展现了世界风景园林的基本概貌。

学术界把世界园林分为三大体系：东方园林、西方园林和伊斯兰园林。但世界上究竟有多少个园林，无人做过统计，因为无法统计。美国纽约的布鲁克林植物园出了一本《一生必看的1001个花园》（1001 Gardens You Must See Before You Die）的书，在这本书中，介绍中国的仅仅二十个，也就中国的千分之几，可见一百五十多个园林就世界而言，其数量真可谓凤毛麟角、微不足道。不过，我自信地说，本套书的这些园林是世界主要国家的名园代表，在时间上跨越了近两千年，在空间上横跨了世界五大洲，它们展示了世界园林三大体系的典型性。西方园林中文艺复兴时期的意大利台地式园林、17世纪的法国古典主义园林、18世纪中叶以后的英国自然风景式园林这三种主要风格，以及大家并不熟悉的伊斯兰风格的园林，都能真实、形象地得到体现。

当然，园林类型的选择既受到游历行程的制约，也和作者的喜好有关。风景园林是人类赖以生存的环境中最贴近人们生活的境域。有人称它为人间"伊甸园"，是"在西方文化传统中，供人躲避历史的喧嚣与狂躁的庇护圣所"[6]。它既具自然美，又具生活美。经典的园林经受过上苍的洗礼，经历过大师们的反复锤炼，经得起历史和时间的考验，它们必须是科技与艺术、自然与人文的完美结合。本套书介绍的园林以及摄影的视角，绝大多数体现了作者本人的审美倾向。

本套书收录的一百多个世界遗产和国家公园，尽管也只是目前已经公布的遗产地和国家公园的一小部分，但它涵盖的地域已达经度360°，纬度从北纬65°到南纬55°之间的世界大部分地区。从类型看，有雪山、冰川、冰原、高峰、峡谷、海洋、河流、湖泊、海岸、瀑布、溪涧、岛屿、森林、湿地等各类自然景观，有古园林、古宫苑、古庭院、古城、古堡、古镇、古村、古建筑、古宫殿、古神庙和古遗址等各类历史文化景观，反映了这些遗产的真实性及其科学价值、历史价值和文化价值，读者从中足以领略到世界多么精彩、多么美妙、多么令人心醉神往。同时，既可以看到世界对这些全人类共同的宝贵财富加以保护的紧迫性和艰巨性，还可以看到大多数国家所做的保护努力以及他们的环境保护意识。这对于我们这个领域中存在的重利用、轻保护，注重短期经济利益、忽视永续利用的目光短浅行为，无疑是他山之石，供我们保护和建设美丽家园借鉴。

这套书不是结构严密、条理清晰的教科书，而是一套以地区、国家为经，名园、胜境为纬而构成的集景式书籍，在注重专业性的同时，也兼顾知识性、审美性和可阅性。读者有兴趣，可以从头至尾阅读，会对世界风景园林有一个整体的概念；也可以在慢节奏生活中随手翻阅，在神游世界中充实知识、愉悦精神。

世界上的事，时时处处会留有遗憾。在游历的过程中常常是"人算不如天算"，美妙的风景，往往由于天公不作美或者汽车在高速公路上行驶停不下来，而只能饱一下眼福，照片拍不下来，或者效果很差，不能使用，几乎每一次出游都会碰到这些很不称心的事。另外，作者原不存写作之想，所以五年前的游历未做记录，以至于现在要写文字说明时已记忆不清。再早些，如二十年前去的有些国家是用胶卷拍摄的，有的底片已散失，有的保管不善，无法使用；1998年，代表国家建设部参加云南世博会招展团，去阿塞拜疆、亚美尼亚和莫斯科总植物园所拍照片，翻箱倒柜，却无影踪。凡此种种，都给本书留下难以弥补的遗憾。

由于作者摄影技术平平，又是在行旅中匆匆拍摄，大多从园林专业的角度撷取景物和构图，照片的质量肯定有许多不足之处。另外，某些资料不全，或者限于本人学识，记述难免出错，敬请读者和专家在和我们一起神游世界的时候，予以谅解并匡正谬误。

"树欲静而风不止，子欲养而亲不待。"谨以此书恭献给我们的父母、兄长的在天之灵。

施奠东

识于杭州西湖栖霞山居

---

[1] 几年前，我曾引用清·钱泳在《履园丛话》卷二十《园林》第一篇"澄怀园"中的诗句"回思旧事千肠结，乍觉新凉百感生"。全诗是："从今归去听秋声，恰与飞鸿结伴行。云水偶然留雪爪，江天何处觅鸥盟。回思旧事千肠结，乍觉新凉百感生。命羡昆明池上柳，世间离别不关情。"这反映本人欲淡出业界，过闲云野鹤式生活的心结。

[2] 清·梁章钜《浪迹丛谈》第十卷"菊花诗梅花诗"："王荆公（注：王安石）菊花诗有'千花万卉凋零后，始见闲人把一枝'之句，冯定远评云：上句凋零二字不妥，下句一枝亦似咏梅花。不知凋零二字本钟士季菊花赋'百卉凋瘁，菊花始荣'之语，一枝二字则陈羽诗'节过重阳人病起，一枝残菊不胜愁'已先用之矣。颜黄门谓读天下书未遍，不得妄下雌黄，诚哉是言也。"

[3] 引自：王吴军. 饱学之士，不轻易出书. 羊城晚报，2011-10-19.

[4] 引自：施奠东. 深切缅怀现代杭州风景园林的奠基人——余森文先生. 中国园林，2010，(2).

[5] 引自：施奠东. 绿地之殇. 风景园林，2011，(5).

[6] 引自：[美] 罗伯特·波格·哈里森. 花园：谈人之为人. 生活·读书·新知三联书店，2011.

引 言

本卷介绍的是中欧、东欧十一个国家，从北海、波罗的海到黑海、亚得里亚海，由西北向东南纵贯了欧洲南北。这里山脉纵横，著名的阿尔卑斯山、喀尔巴阡山横贯东西。多瑙河、莱茵河、易北河等欧洲主要河流孕育了阡陌纵横的绿色土地流域，沟通了沿河各国的交流来往。复杂的地形，多变的气候，肥沃的土地，茂密的森林以及多元的文化，组成了一幅幅多姿多彩的美丽画卷，形成了大自然的绚丽风景和悠远的人文史卷。在这里，山川俊美，依山傍河、临海的许多城市，形成了独特的城市自然风貌，其中世纪的文化景观，我们为之激荡、为之赞叹、为之惊愕，给我们留下了难以磨灭的美好印象。

中欧、东欧地区是多种民族和多和文化的聚集区，各个国家都有其自身的文化与自然特点。这个地区的历史复杂，在历史长河中波澜起伏，纷争不断。特别是在20世纪，这里是两次世界大战的发生地，给欧洲人民、世界人民带来深重苦难。20世纪末、21世纪初，南联盟解体的战争，至今还留有伤痕，影响了社会经济的发展和人民生活水平的提高。

撇开政治纷争，这个区域的自然、人文景观可谓异彩纷呈。德国南部的阿尔卑斯山地区，可以说是欧洲自然风光最优美的地区之一。莱茵河被称为浪漫之河，风景旖旎，古堡林立，新天鹅堡、林德霍夫堡、海德堡、基姆湖、黑森林……这些多得难以计数的美丽风景让人目不暇接。捷克具有梦幻般的魅力，布拉格称得上是欧洲最美丽的都城，被称为"千塔之城"，没有哪个城市像布拉格那样集中反映了中世纪欧洲那迷人的、令人神往的风貌。捷克克鲁姆洛夫，这座绿水萦绕的中世纪美丽小城，是捷克城市的瑰宝，也是一颗在欧洲城市中闪闪发光的宝石。布达佩斯多瑙河两岸的城市布局及其皇宫旧址，都让人流连忘返。保加利亚的里拉修道院，充满民族风情的玫瑰节，罗马尼亚锡纳亚夏宫……都具有独特的、无与伦比的美。而马其顿的奥赫里德、黑山的科托尔，山光水色掩映下的中世纪古城，仿佛让人回到八百年前的遥远过去。在这里，我们还撩开了贝尔格莱德、萨格拉布的神秘面纱，第一次世界大战的引发地，在本卷中与读者见面的这些独具风采与韵味的城市，在欧洲其他国家是很难品赏到的。

德国园林是勒·诺特尔式在法国以外最集中的体现，在德国的许多城市如慕尼黑、汉诺威、柏林、卡尔斯鲁厄等等，都有这样规整、对称的大型古典园林，或许这和日耳曼人的严谨、讲究纪律的性格相吻合吧。德国古典园林尽管缺少自己独特的风格，但依旧是蔚为大观、气象万千。有的已经列入了世界遗产名录，成了不朽的名作。

对风景园林的考察、学习，需要有一种韧性的追求，我们的团队绝大多数是本专业的执着追求者，这就有可能使我们在这卷中能向读者提供尽可能多的资料。例如不来梅的杜鹃园，据目前所知，可能是全世界规模最大的杜鹃专类园。2014年，我们专程去考察，但由于去冰岛的行程安排之故，到不来梅的时间稍晚，杜鹃花大多已开败，大家都深感遗憾，有些扫兴。于是，2015年，我们去南美考察，借在荷兰中转的机会，安排好时间第二次再专程去不来梅，使得本卷中杜鹃园的面貌得以呈现。又如2014年，我们去德国莱茵河中游，行程安排得不够充分，未能河上畅游。2015年10月，我们在安排去法国斯特拉斯堡，有意识地再续莱茵河、黑森林的浪漫之旅，这就充实了本卷德国部分的资料。风景园林的美中，季相美和气象美是重要的因素，我们在考察中已有意识地选择了出行的季节时间，但人算不如天算，有时瞬间的天象变化，会造成不可挽回的遗憾，更不要说，我们本身不是专业的摄影工作者，使得有些照片在质量上并不尽如人意。

本卷的完成，标志着我们走完了"长征"（全书）的一半，我们将咬着牙继续往前走。

2013年11月，作者夫妇与孙筱祥、朱成珞、孟兆祯、杨赉丽先生在杭州花港观鱼合影（王欢 摄）

2005年7月摄于多瑙河畔维谢格拉德城堡（倪芸英 摄）

2013年11月，作者与孙筱祥先生在杭州三潭印月留影（廖金 摄）

早期考察团2005年7月摄于奥地利湖区小镇

2014 年 5 月，考察团摄于德国无忧宫

目 录

| 自 序 | 006 |
| 引 言 | 006 |

德国

柏林 Berlin	012
波茨坦宫殿（无忧宫） Palaces of Potsdam	024
萨西林霍夫宫（波茨坦） Palaces of Caecilienhof	030
德绍·沃利茨宫苑公园 Garden of Dessau Wörlitz	036
德累斯顿 Dresden	040
慕尼黑 München	052
宁芬堡宫苑 Garden of Lymphenbourg Palace	062
海伦基姆湖宫苑 Palaces of Herrechiemsee Lake	066
林德霍夫宫 Palaces of Linderhof	074
鹰堡 Kehlsteinhaus	082
加米施·帕滕基兴 Garmisch-Partenkirchen	088
维斯教堂 Pilgrimage Church of Wies	096
新天鹅堡（附老天鹅堡） Neuschwanstein Castle & Hohenschwangau Castle	102
斯图加特 Stuttgart	110
海德堡 Heidelberg	116
卡尔斯鲁厄宫苑 Palaces of Karlsruhe	128
路德维希堡 Ludwigsburg	134
法兰克福 Frankfurt am Main	140
吕德斯海姆 Rüdesheim am Rhein	148
特里尔 Trier	152
莱茵河中游河谷 Middle Rhein Valley	158
黑森林滴滴湖 Titisee-Schwarzwald	172
亚琛大教堂 Aachen Cathedral	183
科隆大教堂 Cologne Cathedral	186
海伦豪森宫苑（汉诺威） Gardens of the Herrenhausen Palace (Hannover)	194
吕贝克 Lübeck	204
汉堡 Hamburg	208
不来梅 Bremen	218
不来梅杜鹃园 Rhododendron Garden of Bremen	223

捷克

布拉格 Prague	236
克鲁姆洛夫 Krumlov	256
卡罗维发利 Karlovy Vary	262
布杰约维采 Budejovice	268

布尔诺(图根德哈特别墅) Brno (Tugendhat Villain Brno)	270
卢泊卡城堡 Hluboká Castle	272
泰尔奇历史中心 Historic Centre of Telc	276

匈牙利

布达佩斯 Budapest	280
维谢格拉德城堡 Visegrád Castel	292
埃斯泰尔戈姆大教堂 Esztergomi Bazilika	294
巴拉顿湖 Lake Balaton	296

斯洛伐克（布拉迪斯拉发）

塞尔维亚

| 贝尔格莱德 Belgrade | 306 |

| 民族文化村 Minority Cultural Village | 310 |

波斯尼亚和黑塞哥维那（波黑）

| 萨拉热窝 Sarajevo | 318 |
| 莫斯塔尔 Mostar | 324 |

黑山

| 科托尔 Kotor | 332 |

阿尔巴尼亚

马其顿

| 奥赫里德 Ohrid | 344 |
| 斯科普里 Skopje | 352 |

罗马尼亚

布加勒斯特 Bucharest	356
布拉索夫 Brasov	361
布兰城堡 Bran Castle	364
锡纳亚佩雷什城堡 Castel Peles in Sinaia	368
霍雷祖修道院 Horezu Monastery	380

保加利亚

里拉修道院 Rila Monastery	388
索非亚 Sofia	396
皮林国家公园 Pirin National Park	400
田萨莉亚 Teasaleria	402
卡赞勒克（玫瑰谷） Kazanlak	404

德国

德国（德意志联邦共和国）位于中欧，北临北海和波罗的海，南部为阿尔卑斯山。全境地势南高北低，中部多丘陵，北部以平原为主。有多瑙河、莱茵河、易北河等主要河流及众多湖泊。从西北到东南，由海洋性气候向大陆性气候逐渐过渡，多数地区属温带气候。德国面积35.7万平方千米，人口8267万人，是欧盟中的第一大国。德国经济实力雄踞欧洲首位，是发达的工业化国家。德国是个历史悠久的国家。公元前1000年，凯尔特人定居于莱茵河、多瑙河、美因河等主要河流流域。他们于公元前2世纪被德意志部落所取代。公元前1世纪，罗马军团与德军交战，征服了莱茵河西岸的土地，在这里建立的殖民地后来成了城镇，如特里尔、美因茨、科隆等。公元前1世纪末，罗马人到达易北河流域。不久被德国人打败，结束了在该地区统治的历史。2世纪，多瑙河和美因河流域建成罗马统治的和独立的两部分。

在罗马帝国覆灭后，莱茵河和易北河之间的区域被法兰克人占据。从6世纪开始逐渐成为基督教徒。当查理大帝于800年加冕称帝时，现今的德国的领土是法兰克帝国的一部分。843年，帝国被瓜分了，东部地区由路易统治，即后来的德国。10世纪，由许多部落们组成的王国传到奥托一世，他于962年称帝。德意志就由鲁道夫的萨克森王朝统治。

11世纪罗马教皇与罗马皇帝为"主教叙任权"展开激烈斗争，直到1112年才结束争斗。1125年，法兰克尼亚王朝覆灭。霍亨斯陶芬家族经过权力的争斗获得了帝王权力，腓特烈一世赢得了政治大胜。12世纪，帝国疆域扩展到了西北斯拉夫部落居住的地域。13世纪初，还征服了波罗的海人和爱沙尼亚人占据的领地。

1220年，腓特烈二世加冕，他同时还是西西里的国王。他对意大利的统治加深了罗马教皇的纠纷，最终导致权力的崩溃。1250年去世后，他的继承者因得不到权力的支持，皇帝空缺，于是有了德意志历史上的"大空位时期"。诗人席勒把它称为"没有皇帝的恐怖时期"。霍亨斯陶芬家族的衰败标志着旧帝国体制的终结，导致法律和秩序崩溃，盗匪猖獗。为了保护共同利益，贸易城市结成联盟。城市的权力逐渐增大。

在中世纪的德国，存在着一个众多商人或城市之间的著名公会即汉萨同盟。同盟形成于13世纪，14世纪达到兴盛，16世纪转衰。兴盛期加盟城市有一百六十多个，主要是北部的城市，如汉堡、吕贝克、不来梅等。

哈布斯堡王朝在1482年至1740年期间统治德国。16世纪以后，德国社会进入混乱状态，逐渐出现人本主义思想。影响较大的是马丁·路德发起的宗教改革运动，反对教皇的集权。宗教改革运动得到了国王马克西米连一世及社会各阶层的支持，同时激起了一系列反叛活动。路德派教义给德国宗教带来了巨大冲击，最终导致德国宗教分裂，北部信奉新教，南部信奉天主教。

17世纪初，反宗教改革运动打破了德国政局的相对秩点，1608年和1609年新教和天主教分别成立联盟，发生了"三十年战争"，这场宗教战争迅速扩及整个德国乃至丹麦、西班牙、法国等。战争导致巨大苦难，许多城市成为废墟。

17世纪下半叶和18世纪，德意志呈现出专制制度的"畸形"，这是一种属于德国各邦的专制制度。东部和南部的萨克森州和巴伐利亚州政治力量强大，其核心地区为勃兰登堡。1701年，腓特烈三世（弗里德里希一世）被选为普鲁士国王。到18世纪，普鲁士王国已经成为奥地利哈布斯堡王朝最强大的对手。

1740年，弗里德里希二世（腓特烈）大帝成普鲁士国王，柏林成为当时欧洲的经济文化及启蒙运动中心。1772年，德国与俄、奥结成联盟，第一次瓜分波兰，掠夺波罗的海沿岸大片领土，使普鲁士与德国领土连成一片。

1793年，拿破仑战争开始。法国占领了莱茵河西岸之后，德意志帝国代表议会在1803年把德国领土重新划分，原有的289个州和自由市被缩减为112个州。1806年，拿破仑占领普鲁士，神圣普鲁士王国解体，巴伐利亚、萨克森和符腾堡获得特权。1813年，俄国、奥地利、普鲁士联军在莱比锡战役中击败法军。1815年，滑铁卢战役后，维也纳会议将联邦德国划归奥地利管辖。

19世纪20、30年代德国进入工业革命，1834年建立了关税同盟。1866年，普鲁士王国打败奥地利，1871年再胜法国，标志着德国的独立，1871年1月18日，普鲁士王国宣告成立德意志帝国。在德国追求独立的过程中，普鲁士王国的首相即德意志帝国第一任总理奥托·冯·俾斯麦是代表人物，在德国近代史上影响深远。

20世纪初，德国是拥有较多殖民地的强国，并逐渐发展为帝国。在欧洲政治秩序中与他国关系日益紧张，尤其是关于巴尔干半岛问题。

1914年第一次世界大战爆发，持续四年的战争给欧洲带来了重大苦难，最终以协约国的胜利而结束。"一战"后，德国经济陷入危机，政治动荡。1918年11月9日，德国爆发大规模民众游行示威，皇室倒台，社会党夺取政权，之后建立德意志共和国。1919年签订《凡尔赛和约》，割让一部分领土分别划分给波兰、法国、立陶宛，并承担巨额赔款。这段时期称魏玛共和国时期。

1933年1月30日，阿道夫·希特勒登上共和国总理位置。2月27日，一场大火烧了柏林的国会大厦。希特勒借机将国会中心一百名共产党员全部逮捕，接着发动了联合抵制犹太人的行动，取缔工会及其他一切政党和团体，宣布纳粹党和第三帝国党权合一。第三帝国违反《凡尔赛条约》对德国军备的限定条款，扩充军备。1935年，希特勒颁布《纽伦堡法会》剥夺全体犹太人公民权。1938年，纳粹党策划反犹太人大集合，即"水晶之夜"，当晚很多犹太人商店、房屋、教堂被劫掠。1938年3月，奥地利加入第三帝国。1939年，德军占领捷克，9月1日，侵犯波兰，第二次世界大战爆发。

1943年1月31日，斯大林格勒保卫战中德军溃败，战争形势扭转。诺曼底登陆和欧洲第二战场开辟加速了"二战"的结束。1945年，苏联军队占领柏林。5月8日，德国无条件投降，在欧洲结束了人类历史上最血腥的战争。

在波茨坦会议上，美、苏、英、法四国规定在德国领土进行统治，直到其民主体系建立。1949年5月23日，美、英、法在统治区成立了联邦德国。10月7日，在苏联统治区成立了德意志民主共和国，柏林的东部被划入东德。1961年8月13日，民主德国在东西德方向修了一堵混凝土围墙。1989年11月9日，柏林墙倒塌，东德人可以自由离开东德。1990年10月3日，东西德正式统一。

而今的德国是高度发达的工业国家，同时文化遗产十分丰富，思想、文学、音乐等领域人才辈出。国土保护成绩非常突出，森林茂密，古堡林立。风景园林包括城市绿化都令人刮目相看。德国古典园林风格依循了勒·诺特尔式风格延伸发展，波茨坦的无忧宫、汉诺威的海伦豪森花园、慕尼黑的宁芬堡宫、巴伐利亚的林德霍夫宫、基姆岛上的海伦基姆宫、路德维希堡、卡尔斯鲁厄巴登宅园等等，遍布于全国多处的宫殿、花园都展示了这种园林风格的豪壮雄美。尽管单个园的规模不如凡尔赛宫苑，但其数量似乎超过了法国本土,可谓洋洋大观。正因为造园手法、艺术风格相同，数量众多，所以难免使人有审美疲劳之感。然而不来梅的杜鹃园，占地面积大，杜鹃品种多，是为我们所见的最大杜鹃园，值得夸誉。

尽管德国的文化遗产在两次大战中遭受到严重破坏，但由于其对文化遗产的保护，几十年来，在遭受战争破坏的城市修复中，许多文化古迹致力于恢复历史风貌，而一些没有遭受战争破坏的文化遗存也都进行了整治和修理，其中有许多成为了世界文化遗产。

莱茵石城堡（Burg Rheinstein），原为建于1245年的古罗马城堡遗址，是莱茵河中游河谷中保存最久、风景极好的一处城堡，建在河边120米高的山顶。1823年，普鲁士王子弗里德里希（Friedrich）将原来的海关税收处改建为宫殿式城堡，后经多次设计建造，做足中世纪城堡的骑士风格和神秘色彩。目前莱茵石城堡对外开放，游人可登上城堡观赏古典建筑艺术，眺望美丽的莱茵河河谷风光。

柏 林
Berlin

　　柏林位于德国东北部，四面由勃兰登州环绕，在德国十六个州中和汉堡、不来梅同为三个城市州。是德国最大的城市和政治、经济、文化中心，现有居民350万，总面积892平方千米。

　　柏林起源于12世纪末。1307年，人们将施普雷河北岸与现今的博物馆岛地区合并成立柏林。经过多年的动荡，1451年，波茨坦和柏林两市合而成为首都。此后受到接连不断的自然灾害、瘟疫和战争，柏林发展很慢，直到弗里德里希·威廉统治时期（1640年~1688年），柏林获得迅速发展，成为城市要塞，并首次建成了具有普鲁士风格的城市。以后连续成为普鲁士帝国（1701年~1870年）、德意志帝国（1871年~1918年）、魏玛共和国（1919年~1933年）、纳粹德国（1933年~1945年）的首都。

　　在"二战"中，由于盟军的空袭和苏联红军的进攻，柏林遭到毁灭性的破坏。从1943年11月到1944年2月，柏林战役一共对柏林进行十三次大规模空袭，摧毁了柏林四分之一的市貌，市区百分之九十的建筑被摧毁，树木全部被砍光。1945年5月1日，苏联红军的旗帜插上勃兰登堡的国会大厦。5月8日，德国投降。

　　战后柏林分为两部分：由苏联控制的东柏林（范围包括战前二十三个区中的十二个区）；由美国、英国与法国控制的西柏林，柏林变成了苏美冷战的聚焦点。1945年至1961年间，每年有大量的民主德国的公民通过不设防的柏林分界线逃往联邦德国。1961年8月13日，东德建起了柏林墙。1989年，由于民众的不满和抗议。11月9日深夜，东德被迫宣布开放柏林墙。1990年6月13日，东德政府开始拆除全部柏林墙。1990年10月3日，德国重新统一。1991年，议会决定在2000年之前将首都从波恩迁回柏林。此后柏林展开了大规模的重建工作，现已经恢复了其在欧洲的文化和经济中心的地位。

位于博物馆岛的柏林大教堂，建于1465年。1747年至1750年改建为巴洛克风格的大教堂，作为普鲁士王族的宫廷教堂。1822年，被改造成古典主义风格，是欧洲最大教堂之一。1894年，德国皇帝威廉二世下令拆毁，重新设计建造成文艺复兴时期风格的新巴洛克样式。"二战"时，大教堂遭到严重损坏。重建后的教堂高达72米的拱顶是以罗马圣彼得大教堂为模本设计的

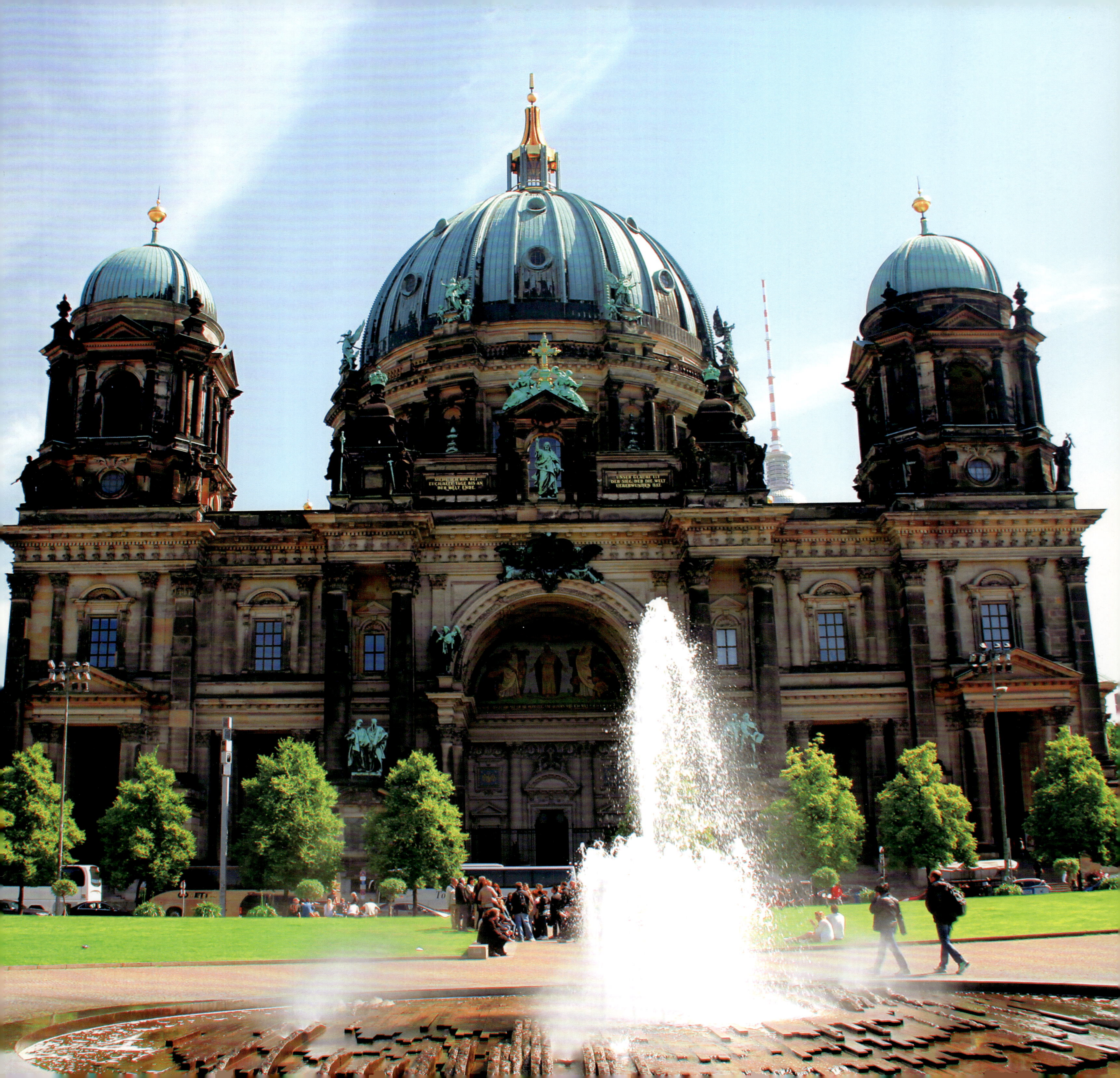

德国

勃兰登堡门位于东西柏林交界处的菩提树下大街，这座门见证了历史的沧桑巨变，是德意志和柏林的象征，原为进出东西德的唯一通道。宏伟的新古典建筑风格模仿了雅典卫城的设计。1788 年开始动工，1791 年完工。雕塑装饰完成于 1795 年。勃兰登堡门高 20 米，宽 65.5 米，用玉石砌起纵深 11 米的五条通道，各有六根高 14 米、直径 1.73 米的立柱对应，门顶为梯形。顶部装饰为胜利女神驾驶的四马战车，柱子上雕刻着古希腊神话故事。1806 年，法国占领德国。雕像被拿破仑作为战利品带回法国，1814 年，欧洲同盟军在滑铁卢大败拿破仑后，普鲁士王国将其索回。德国雕塑家申克尔又雕塑了象征着普鲁士民族解放战争胜利的铁十字架和鹰鹫，并镶在女神的月桂花环上。勃兰登堡门见证了柏林的历史。"二战"中，它曾严重受损，门顶上的女神及四马战车被盟军炸毁。东德政府曾于 1956 年至 1958 年对其进行全面修复

街道上的雕塑小品

菩提树下大街，柏林最有名的一条大街，它东起皇宫桥，西至勃兰登堡门，长 1475 米，宽 60 米。最初是皇家狩猎队伍前往蒂尔加藤公园的通道。17 世纪大选帝侯弗里德里希·威廉让人在两旁栽上菩提树和胡桃树。1685 年，最初的树木被迁走了，但 1820 年又重新种植了四排菩提树，成为这条大街的象征。18 世纪，菩提树下大街成为西部柏林的主要街道，逐渐成为历史及艺术中心。这是大街中央的胜利女神纪念碑

胜利女神纪念碑位于蒂尔加藤公园处的菩提树下大街中间，建于 1865 年至 1873 年，是为纪念 1864 年普鲁士与丹麦战争的胜利而建的凯旋柱。在接连取得 1866 年对奥和 1871 年对法战争的胜利后，一个代表胜利的镀金雕塑被放置到柱子的顶部，这就是闻名于世的胜利女神（Gold Else），它原来矗立在国会大厦，1938 年，被纳粹政权移至此处。柱身上镶嵌的壁画上描绘着 1871 年德意志帝国建立的情景。塔顶部的瞭望塔是俯瞰柏林景观的绝佳场所

柏林

俾斯麦（1815年~1898年）雕像。俾斯麦是德意志帝国第一任首相，人称"铁血首相"，他自上而下统一了德国，对外确立了德国在欧洲的霸权。1890年解职，是19世纪下半叶欧洲政治舞台上的风云人物

德国

柏林大教堂的顶部装饰

柏林

柏林大教堂

德国

老国家博物馆门廊由一排87米高的圆柱支撑，馆内收藏着古老贵重的艺术品

施普雷河从博物馆岛的两侧流过

老国家博物馆前的腓特烈国王骑士像

博物馆岛，柏林历史发源地，位于柏林市中心的东北部，施普雷河从两侧流过，形成一个长形的岛屿，该区域主要由柏林老博物馆、新博物馆、老国家美术馆、博德博物馆及佩加蒙博物馆组成。最初的聚居出现在13世纪初。岛上空气清新，绿树成荫。尽管它在"二战"中被夷为平地，但岛屿最北面的一些建筑（其中包括柏林大教堂和一些令人印象深刻的博物馆群）却幸免于难，岛屿也因此得名"博物馆岛"。岛上建筑形态各异，却又和谐统一。1999年，博物馆岛列入世界遗产名录

柏林

位于柏林电视塔附近的亚历山大广场上的海神雕塑喷泉（18世纪）

在博物馆岛东部街道边的绿地内树立着马克思、恩格斯的雕像

老国家画廊建于1866年至1876年，"二战"后藏品被瓜分，现为德国艺术品的收藏处。建筑前骑马者为腓特烈·威廉四世雕像

019

德国

威廉大帝纪念教堂是柏林著名的地标性建筑之一，建于1895年。1943年，被炸毁，战争结束后，除了留下的塔楼，另兴建了纪念馆，1963年，又建蓝色玻璃八角形教堂。塔楼顶部显示着战争的残迹，成为残酷战争的印记

柏林墙的残壁及缺口

保留的柏林墙遗迹供人参观

柏林墙。1961年，民主德国政府为阻碍东西柏林之间的往来，防止民众从东柏林越界前往西柏林，建起了一座全长167.8千米的混凝土墙，称其为"反法西斯防卫墙"，使西柏林成为联邦德国在东德领土上的一块孤岛飞地。1989年，东欧剧变。11月9日，民主德国政府允许公民申请去西柏林，当晚柏林墙在民众压力下被迫开放。1990年6月，民主德国政府决定拆除柏林墙。现在，有少数几块地方还能看到一些残壁

柏林

公园内的藤架

园内的廊架小品

园内的希腊雕像

居民门前空地上的小丑石膏像

蒂尔加藤公园，是柏林最大的公园，它横跨在菩提树下大街两侧，最初这里是普鲁士王族的狩猎区。1830年，由彼得·约瑟夫·林内改造成了自然公园。园内树木茂密，弯曲的小径适合市民休憩、慢跑以及野炊活动。"二战"给公园带来严重的破坏，但重新建设后，恢复了其自然的面貌。在园内湖泊附近有李卜克内西和罗莎·卢森堡的纪念馆。从造园艺术角度看，这个公园乏善可陈。

德国

大来植物园的牧草植物展示区

大来植物园中心区的高大杨树

大来植物园中的中国植物区，园中有中国式亭子

大来植物园的大型展览温室

柏林

大来植物园是柏林大学附属植物园，以植物地理学研究而著名，是世界重要的植物分类学中心，是在1679年柏林宫园基础上建立起来的示范农业园，现址建于1897年至1910年，面积43万平方米。1801年以来，大来植物园历任园长均为植物分类研究史上的著名学者，其中近代植物分类学泰斗——阿道夫·恩格勒（Adolf Engler）（1840年~1930年）曾在该园担任园长达三十三年之久。现收集保存活植物2万种，标本360万份。园区建有植物地理园、草本植物系统分类园、树木园、苔藓花园、芳香和多感园、经济植物园、药用植物园以及温室等植物专类园。43座温室占地8600平方米，其中15座为展览温室

波茨坦宫殿（无忧宫）
Palaces of Potsdam

世界遗产

  无忧宫位于波茨坦。波茨坦于1200年开始建立德意志居民点，1317年正式定名。1526年，阿西姆一世在此建造一座宫殿，后毁于大火。1589年至1599年，女大选帝侯卡塔琳娜建造了一座文艺复兴时期风格的宫殿。1617年以后，波茨坦成为柏林以外的王宫行宫。腓特烈一世时，波茨坦面积从43万平方米扩大到142万平方米。腓特烈二世（又称腓特烈大帝）于1745年至1747年着手建设无忧宫，他把无忧宫作为夏宫，无忧无虑地在此生活。他自己喜欢法国的艺术和文化，因此无忧宫的布局具有法国园林的风格。

  以无忧宫为中心拓展的花园内，有许多宫殿和建筑，其中与无忧宫庭园相垂直的轴线直抵终点处——具有新古典主义风格的新宫，此宫建于1763年至1769年。轴线两侧被浓郁的自然式丛林所覆盖，绿意盎然。

  波茨坦与无忧宫及庭园在1990年被联合国教科文组织列入世界遗产名录。

无忧宫外立面上巴洛克式的高浮雕

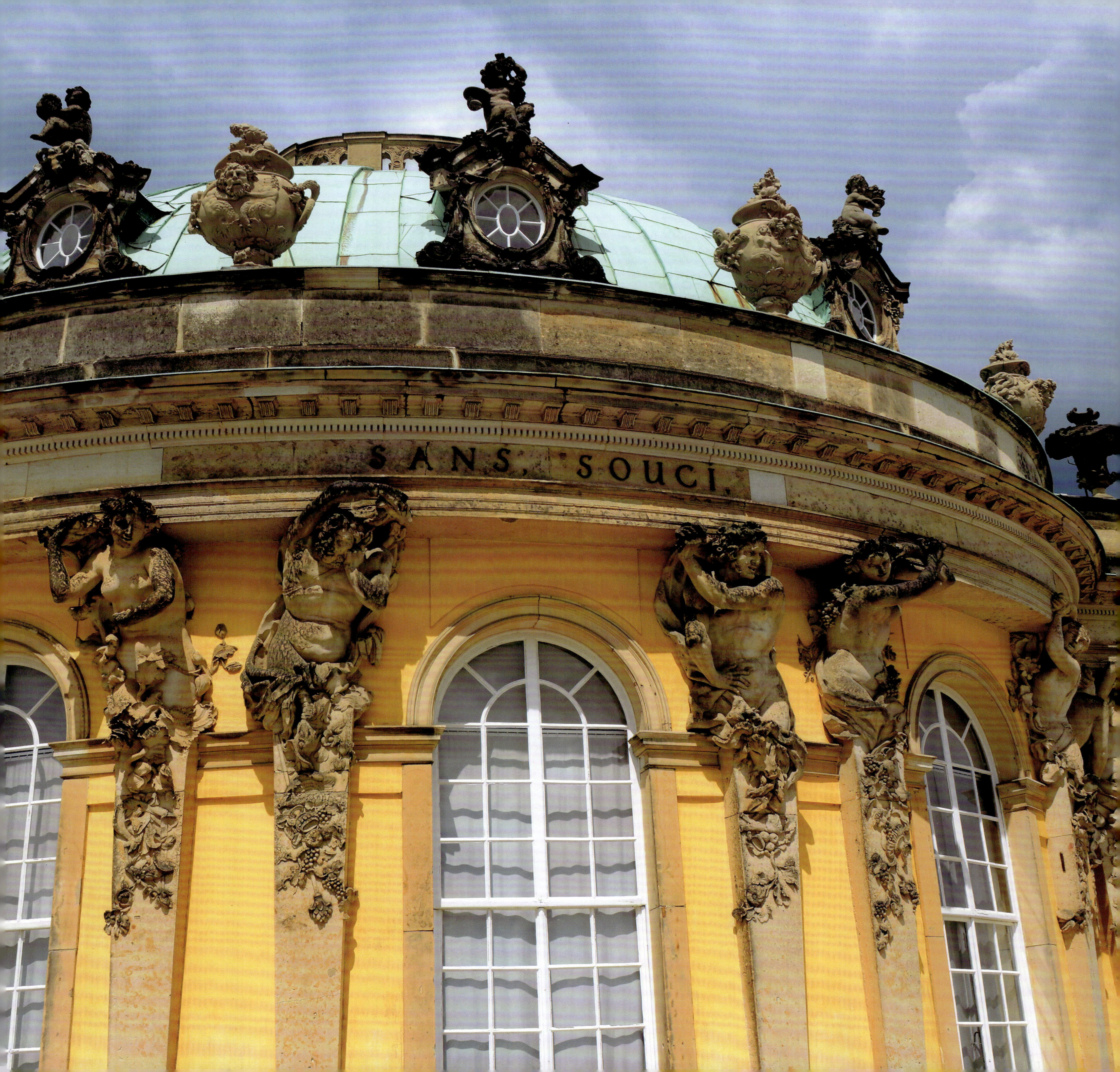
SANS, SOUCI.

德国

内花园。这是一处新文艺复兴时期风格的建筑，庭院华丽精致，建于 19 世纪中期，用于接待皇室和宾客

一柱冲天的喷水池

以希腊神话为题材的雕塑，安置于喷水池周围

以森林和梯状绿地为背景的古典雕塑

波茨坦宫殿（无忧宫）

坐北朝南的中央喷水池位于纵横两轴线的交点处，是无忧宫宫苑的主要景点，也是人流的集中处

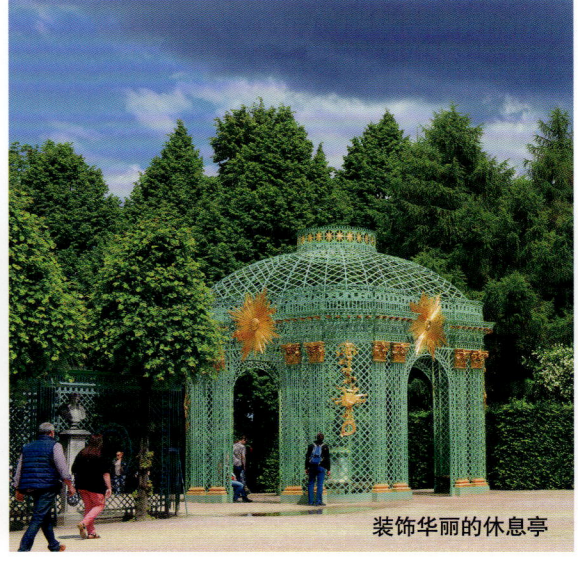

装饰华丽的休息亭

德国

无忧宫中的新宫建于 1763 年至 1769 年，这座建筑有一个皇冠似的巨大圆顶，整个建筑群气势宏伟

无忧宫宫苑位于波茨坦，占地面积 90 万平方米，是欧洲最美的宫殿群之一，是腓特烈大帝的避暑行宫，故称夏宫。这里原是一片果园，现宫苑中有一片台地葡萄园，或许是果园留下的历史记忆

波茨坦宫殿（无忧宫）

无忧宫通往中央喷水池的梯形阶梯和葡萄台地园，葡萄藤来自葡萄牙、意大利和法国

内花园近景

中央喷水池旁的纪念柱

萨西林霍夫宫（波茨坦）
Palaces of Caecilienhof

世界遗产

　　位于波茨坦新花园的萨西林霍夫宫是霍亨索伦王室位于柏林及波茨坦众多府邸中的最后一座宫殿。1945年7月17日至8月2日，在这里举行了著名的由丘吉尔（后由艾德礼接任）、罗斯福（后由杜鲁门接任）、斯大林同盟国三巨头参加的波茨坦会议。

　　萨西林霍夫宫建于1913年至1917年间，为当时德国皇太子威廉（威廉二世之子）及其太子妃萨西林的府邸，并且以皇太妃名字命名。

　　皇太子和皇妃不愿拘泥于呆板的皇宫宫廷礼仪，也不喜欢宏伟的城堡式的建筑，他们希望府邸是一座具有英国乡村风格的建筑。英国庄园式建筑风格在19世纪末20世纪初在德国非常受欢迎。设计师Schultee-Naumburg在设计时参考了当时《英格兰的住宅》这本书中的图片，将萨西林霍夫宫设计成了一座错落有致、且室内构造错层的宫殿，宫殿屋顶上有林林总总、式样不一的烟囱，并以巧妙的方式安排了176个房间，使这座长100米的宫殿呈现出两翼不对称、高低不一的面貌。宫殿含有某些中世纪城堡的元素，还交替使用了山形墙及檐口、石块墙面、粉刷墙面及各种木框架结构。宫殿和谐地融入了约芬湖西南岸边的田园风光，使之成为一座富有活力的建筑。

　　"一战"过后，霍亨索伦王朝于1916年被废除，其萨西林霍夫宫的财产被没收，但皇太子家族及其孙辈仍拥有使用权。"二战"后皇太子于1945年1月住疗养院休养，皇太妃亦随后离开府邸。此宫殿被苏联红军占领。

　　同盟国三国首脑会议原本想安排在柏林，但当时的柏林无法找到一处可供开会的房屋，于是安排在萨西林霍夫宫，因为这里不仅保护完好，而且可供大量人员住宿，环境也好，四周是葱郁的树木。

萨西林霍夫宫（Palaces of Caecilienhof）。1945年7月17日至8月2日，苏、美、英三国首脑（斯大林、罗斯福、丘吉尔）在这里举行会议，会议讨论解决"二战"后的遗留问题。会议期间，中、美、英三国发表了《波茨坦宣言》（中方没有参加，但公告发表前征得蒋介石同意）。苏联于8月8日对日宣战后加入该宣言。此为宫前的庭院

萨西林霍夫宫全景（张渭林 摄）

萨西林霍夫宫的宫外场景

宫内庭的建筑侧面

从内庭看入口处

德国

宫殿北部自然式花园中的草地

宫殿后院一角

宫殿北侧内庭园

宫殿侧院一景

宫殿南侧的花园及外立面

萨西林霍夫宫（波茨坦）

萨西林霍夫宫内三国首脑的会议厅。会场按当年会议的情景布置

德绍·沃利茨宫苑公园
Garden of Dessau Wörlitz

世界遗产

德绍·沃利茨宫苑位于萨克森·安哈尔特州，距柏林西南约150千米处。

该园为18世纪启蒙运动时期的典型作品，充分显示了当时园林设计的英国式艺术风格，把丹麦的农田风格和巴洛克式的建筑融合起来，把园林和社会经济完美融合。

18世纪中叶，欧洲园林由几何式转变为自然风格，德绍·沃利茨宫苑是德国较早的实例。在1763年和1766年，德绍的弗朗茨帝侯（1740年~1817年）两次与他的设计师去英国考察风景园林及历史建筑，后来又去意大利学习文艺复兴时期建筑，回国后于1769年开始建造沃利茨夏宫，成为自然与艺术相结合的成功作品。

沃利茨宫苑占地110万平方米，位于易北河边低地。中心是花条形的沃利茨湖，水面把全园划分为几个园区，有哥特式小镇、中国桥、人造小火山等，是德国少见的具有高雅清新风的自然式园林。2000年，被联合国教科文组织列入世界遗产名录。

德绍·沃利茨宫苑公园

具有意大利巴洛克式建筑风格的教堂

德国

宫苑中的水景是一大特色,自然式种植的睡莲,使景色更显清丽委婉

宫苑中的内河可以行船　　　　阳光灿烂的疏林草地　　　　多虚少实的空间设计

德绍·沃利茨宫苑公园

开合自如、收放有致的沃利茨湖水面，借鉴了18世纪英国式风景园的创作手法

小巧玲珑的林间塔楼和小教堂

老树上自由栖息的孔雀

分期建造的罗泰堡是德国新哥特式风格的最早范例

德累斯顿
Dresden

　　德累斯顿是萨克森州的首府，意为"河边森林的人们"，是德国中部重要的文化、政治和经济中心，也是德国最美丽的城市之一，有"易北河上的佛罗伦萨"之称，面积226平方千米，人口50万。1486年，艾伯特·韦廷家族在此定居。18世纪，该城成为文化中心，建造了许多宏伟、精美的建筑，由此开始繁荣起来。在1945年2月13日和14日，英美联军空军对该市进行了地毯式轰炸，所有的建筑毁灭殆尽。战后，细致的修复工作开始，以期恢复这座历史名城历史的辉煌。今日我们所见到的德累斯顿已恢复了过往的壮丽和庄严。

德累斯顿

霍夫大教堂，亦称天主教宫廷教堂，建于 1738 年至 1751 年，是由罗马建筑师齐亚尔费里设计的三堂式大教堂。该天主教堂之所以能出现在强烈维护新教的萨克森州，主要是出于政治的需要，选帝侯奥古斯特在争夺波兰王位时，被迫皈依天主教。教堂内二层通道将主殿和偏殿连接起来，"二战"后教堂得以重建。朝向奥古斯特桥，面宽 83.5 米和高四层的尖塔颇具魅力。教堂的墓穴中安放着奥古斯特的心脏。萨克森管风琴名师西尔伯曼的管风琴为教堂一宝。

霍夫教堂的主殿区

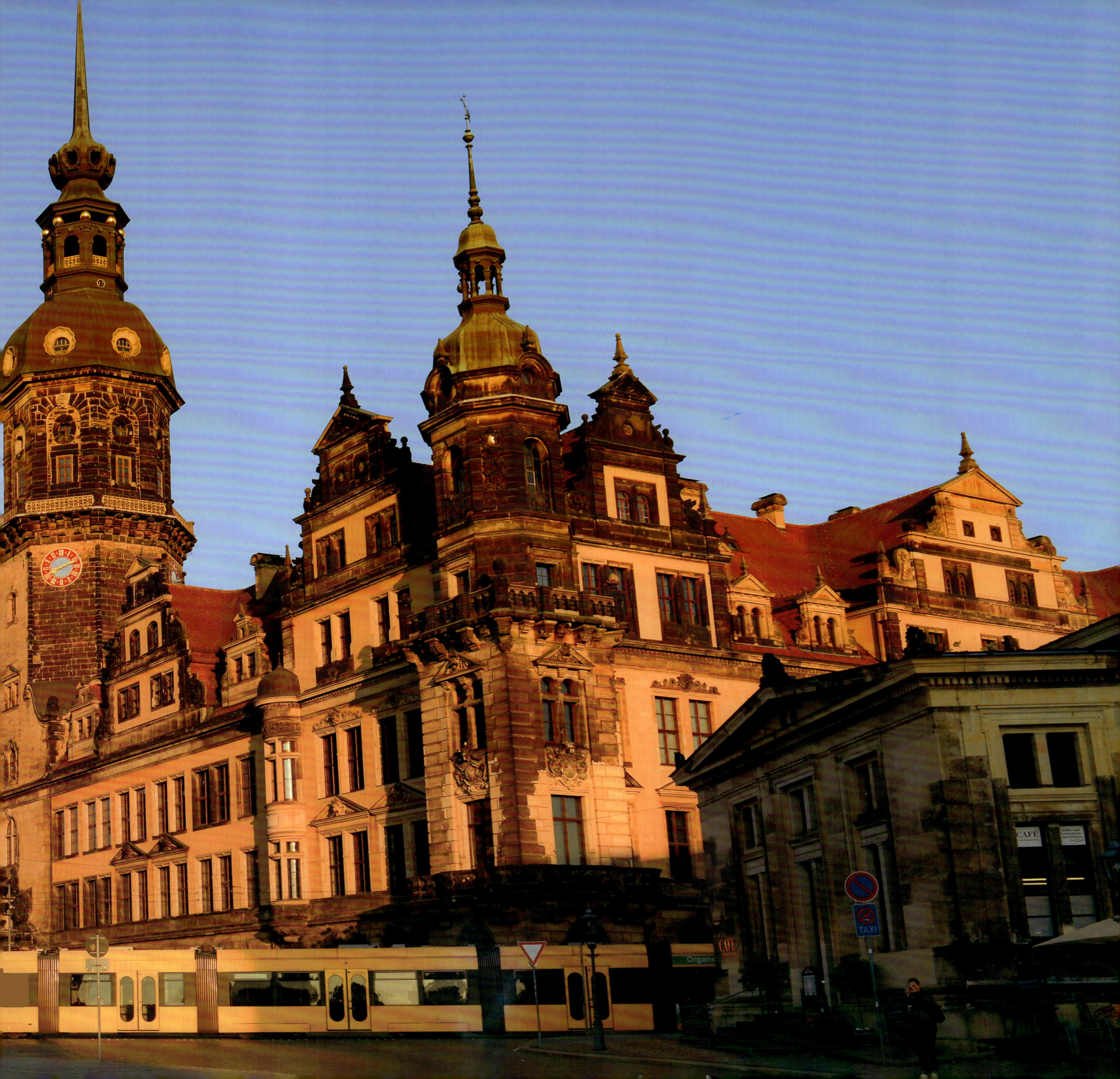

Organs
CAFE
TAXI
CAFÉ

德国

从易北河边的布鲁舍阳台上看霍夫教堂和老城区

茨温格尔宫夕照（张渭林 摄）

圣母教堂内景。圣母教堂始建于1726年至1743年，由乔治·贝尔设计。人们曾把它称为"石钟"。这座新教教堂在1945年毁于战火，其外墙逃过一劫，未受损伤，之后却轰然倒塌。战争结束六十年后，圣母教堂重新修建竣工。修建中，大部分碎砂岩从瓦砾中被清理出来重新使用。十五年时间，教堂从废墟中重新崛起，后人一致赞叹建设者的卓越奉献。今天，这座教堂成为德累斯顿的重要标志

德国

茨温格尔宫,被形容为"露天庆典大厅"的巴洛克式建筑,建于1709年至1732年间,由奥古斯特国王下令修建,并由建筑师珀佩曼和雕塑家佩莫泽尔共同设计。其宽敞的庭院曾用于举办节日活动和焰火表演,现已成为收藏各种艺术品的欧洲著名博物馆之一

德累斯顿

茨温格尔宫内庭

德国

菲尔斯滕长廊（王侯列队图），建于1586年至1591年，临街的墙壁上画着王侯列队图的壁画，在102米长的檐壁上，展示着萨克森统治者的队列。该檐壁建于1872年至1876年，由威廉·瓦尔特用五彩拉毛陶瓷技术建造而成。1907年，用两万五千块迈森瓷砖翻新一遍。全图造型生动，工艺细腻，堪称杰作

旅行者

圣母大教堂外景

德累斯顿

国家歌剧院，建于 1838 年至 1841 年，1985 年重修 　　城市临易北河一侧为布鲁舍（城市）高阳台

霍夫教堂

2008 年 5 月在布鲁舍阳台处，建立了弗里德里希·奥古斯特一世的塑像　　在圣母教堂一侧的小广场上，保留了一块"二战"遭轰炸后的建筑残体，以作永久纪念

布鲁舍阳台，在 18 世纪时曾是布鲁尔伯爵的私人花园，如今徒有虚名。19 世纪初，这处堡垒设施上方的区域变成了公共游憩场所，如今与周边的州议会大厦、君王次子宫、圣母教堂、艺术学院一起构成一幅令人神往的画卷。布鲁舍阳台被称为"欧洲阳台"，在这里可以欣赏易北河美丽的风光。在阳台下，停靠着旧时的桨轮汽船，人们可坐船到瑞士和迈森去游玩

049

德国

茨温格尔宫是德累斯顿著名建筑，由奥古斯特大力王于 1709 年至 1732 年间建。其庭院宽阔，曾用于举办各种比赛和节庆活动，现为各种画廊、艺术馆所在地

德累斯顿

易北河及奥古斯特大桥

德累斯顿城市风貌

慕尼黑
München

　　慕尼黑为拜恩州（巴伐利亚州）首府，位于阿尔卑斯山北麓前沿地带中部，历来是南欧通往中欧和北欧的要冲之一。人口一百三十多万，为德国第三大城市。

　　慕尼黑有八百多年的历史。早在一千多年前，爱尔兰僧侣就已到这里布道传教，从此筑寺修院定居下来。慕尼黑在德文中的意思是"僧侣之地"。它以古老教堂、宫殿和啤酒节著名，也因曾是希特勒法西斯的巢穴而为世人所知。它也曾有"百万人口的超级村庄"之称，它没有玻璃和钢制的高层办公大楼，也禁止在市中心建造超过36米的高楼，以保持其由众多教堂塔楼组成的独特风貌。

　　慕尼黑几个世纪以来一直因对艺术的强烈热爱而得名，这里有许多博物馆、艺术馆。19世纪时，城市按新古典主义风格发展起来，并赢得了"伊萨尔河畔的雅典"的美誉。

　　慕尼黑有"四多"，即博物馆多、公园喷泉多、雕塑多和啤酒多。其中市内有四十多个公园、两千多个喷泉，至于小公园则更多。

慕尼黑新市政厅，坐落于市中心玛利亚广场上，是一座高85米的哥特式建筑，在华丽的正面雕刻着巴伐利亚的传说和历史人物。中间有著名的玩偶报时钟，每天都展示威廉五世婚礼大典的情景

慕尼黑

德国

宝马博物馆，位于奥林匹克公园东北角的宝马大厦旁，建于1973年，其外形如发动机，因此称"四缸大厦"，展厅为环绕式的空间设计，按照不同时期和年代，展示历年来生产的各类宝马汽车、摩托车等

慕尼黑老市政厅，位于玛利亚广场西侧，它始建于1470年至1475年，原为哥特式风格的建筑，曾因雷电受毁。19世纪初按新哥特式风格重建。"二战"后进行了内部改建，南塔楼于1975年按1493年的样式重建，现为玩具博物馆，收藏了大多数欧洲和美国玩具

慕尼黑王宫

慕尼黑新市政厅

慕尼黑新市政厅正面细部位于市中心的玛利亚广场。广场中间是慕尼黑的保护神——圣母玛利亚雕塑柱，广场北部即为新市政厅。华丽的建筑正面雕刻着巴伐利亚传说和历史人物，顶部的青铜雕塑是"慕尼黑小僧侣"——城市的象征。在哥特式建筑85米高的钟楼中部，有著名的玩偶报时钟，每天在11点、12点、17点奏鸣。据说，1516年慕尼黑发生大鼠疫，全市几千人丧生。五十二年后，威廉五世公爵为重振慕尼黑，便在这里举行大婚庆典，并举行庆祝游行，慕尼黑从此恢复兴旺。人们为了纪念大庆典，在市政厅钟楼的五至六层设置了木偶报时钟，由塔阁里的彩色小人载歌载舞、惟妙惟肖地再现庆典盛况

德国

慕尼黑植物园宿根花卉区睡莲池

慕尼黑植物园宿根花卉区

慕尼黑

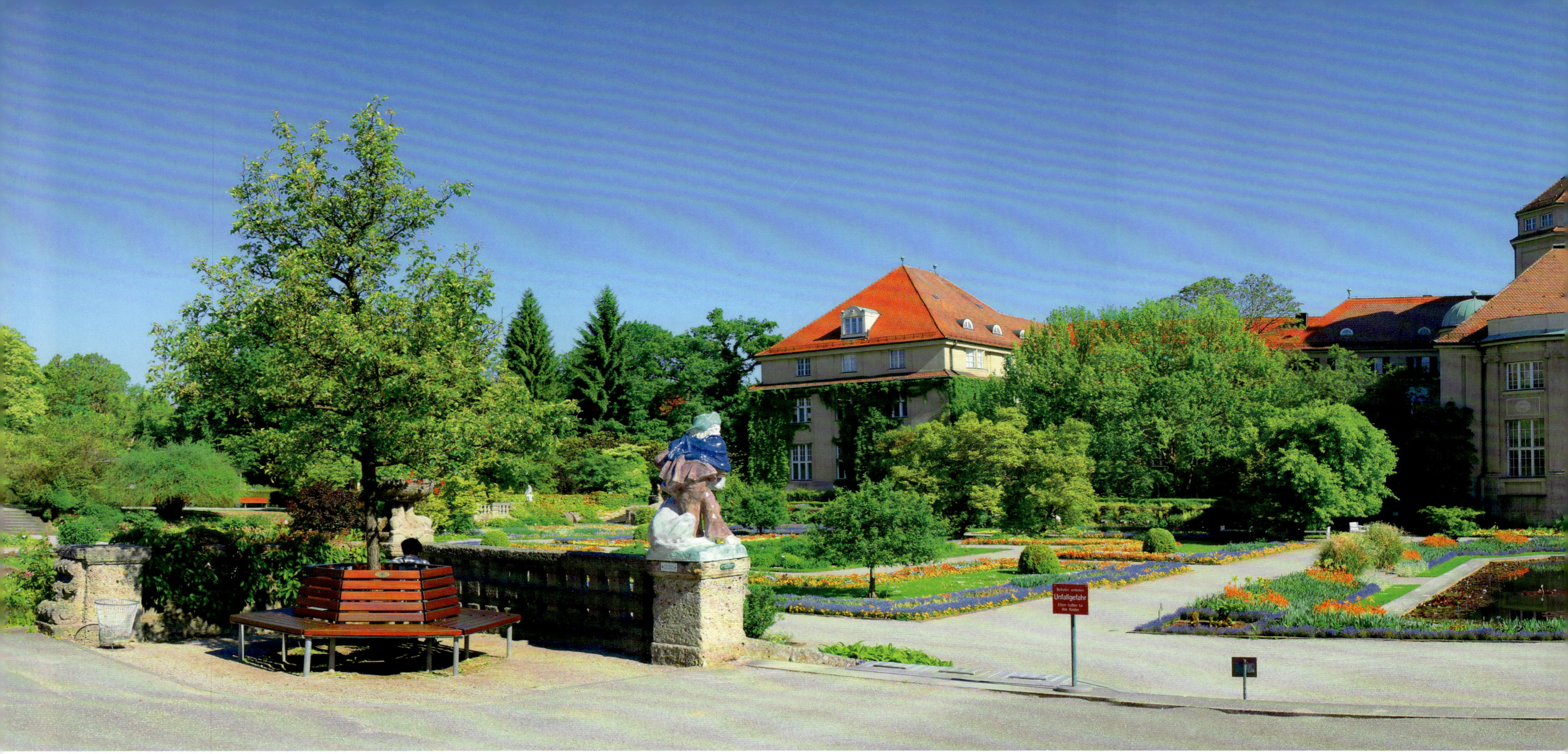

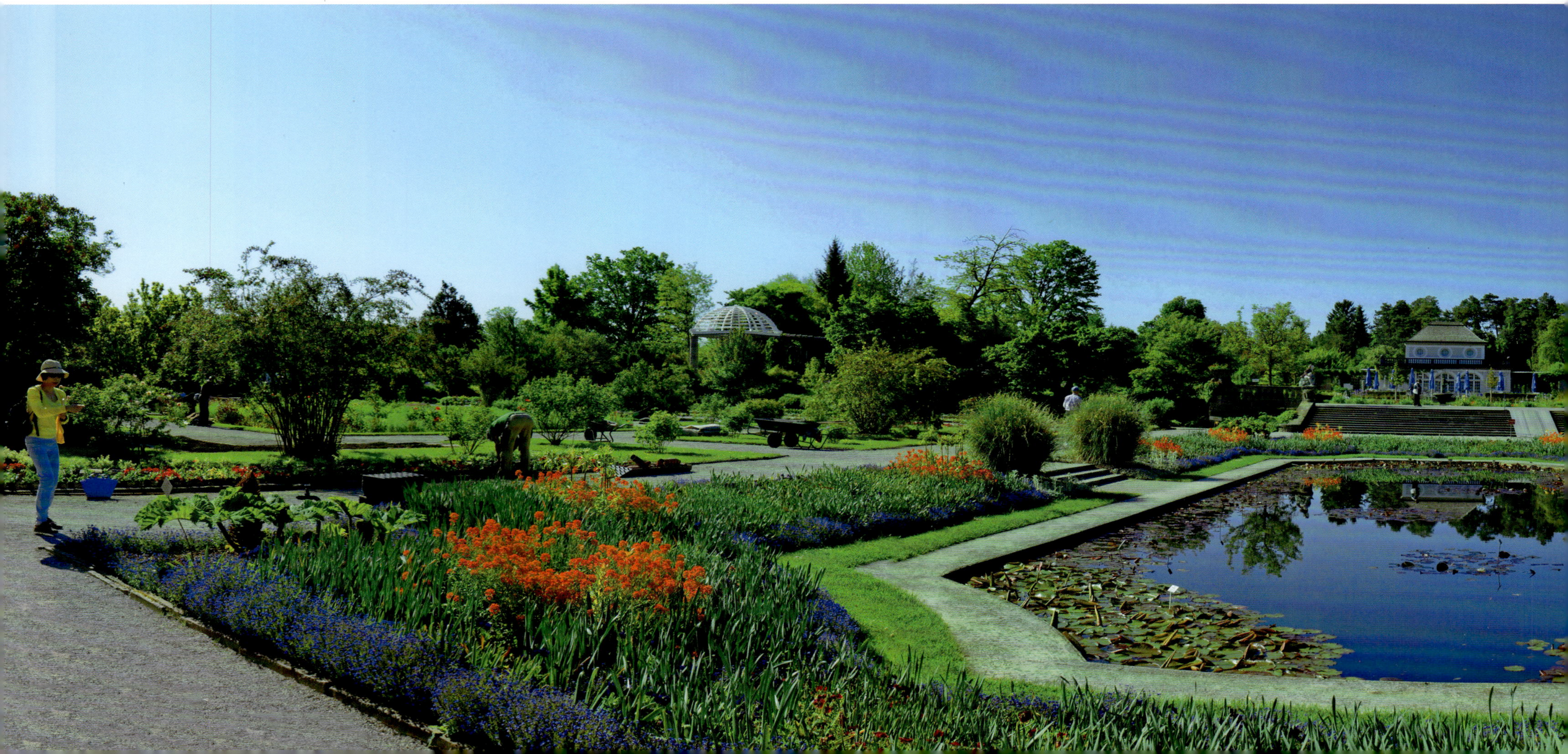

慕尼黑

慕尼黑植物园左右观（张渭林 摄）

宿根花卉区展开图（张渭林 摄）

德国

岩石园一隅

慕尼黑植物园中的岩石园

温室中的多肉植物展示区

慕尼黑

奥林匹克公园。1972年为举办奥林匹克运动会而建，公园主要由体育场、中心体育馆和游泳馆组成。帐篷屋顶的设计是20世纪德国建筑史上最新颖的设计之一。三座主要建筑都覆盖在一个大型半透明的天篷下面，中心体育场的"鱼网帐篷"是世界上最大的屋顶，相当于十个足球场那么大。天篷由许多高耸的柱子支撑，呈不规则形状。在天篷室外，是由水池、斜坡、大树及草地组成的环境清丽的绿色空间

公园中的人工湖，挖湖取土堆成的土山和草坡使公园地形起伏变化，不但美观且排水通畅

宁芬堡宫苑
Garden of Lymphenbourg Palace

　　宁芬堡位于慕尼黑西北部 5 千米处。1663 年至 1664 年，按照巴雷利的思路，为选帝侯，亨利·特阿德莱德在他母亲简朴的乡间别墅基础上扩建而成，宫殿献给花神和他身边的宁芬女神，宫殿因此得名。宫殿坐西朝东，主建筑为巴洛克风格，宫殿由一幢幢方形建筑物联结而成，正面长约 600 米。宫苑占地 200 万平方米左右，1701 年，花园经荷兰造园师的修改扩建，形成了现在的总体布局和框架规模。1715 年，法国造园师古拉尔担任宫廷造园总工程师，由他完成了水景工程和喷水设计。古拉尔在宫殿前建造了一座水柱高 25 米的喷泉。1722 年，工程全部竣工。"二战"中曾遭受破坏，但修复后恢复了原貌。

　　宁芬堡宫苑的布局，反映了法国勒诺特尔式风格对德国园林的影响，规整的花园布局，纵横的水渠，显现出开敞、宽广的宏伟气势；在中轴线后部，水渠两侧布置了自然式的林园，显得静谧而幽深。

　　宁芬堡宫内有一处美人画廊，收藏有宫廷画家斯蒂勒为路德维希一世画的那个时代最漂亮的三十六位美女，其中一位是路德维希最宠爱的情人，她被封后以后，遭到公众激烈反对，导致国王被迫退位，成为又一个不爱江山爱美人的案例。

宁芬堡宫苑

宁芬堡宫苑内宽阔的草坪和高大的树丛，点缀着宫苑的雕塑艺术品，对称地分布在轴线的两侧

宁芬堡宫苑的中轴线

中轴线尽头为长长的运河

轴线尽头两侧的自然式林园

碧草地平线、树丛透视线和生动的倒影纵横交错，交相辉映

从运河终点回望宁芬堡宫殿

深色树丛、白色雕塑与浅色草坪的黑白灰对比强烈，增强了宫苑的色彩变化和观赏效果

海伦基姆湖宫苑
Palaces of Herrechiemsee Lake

　　基姆湖是巴伐利亚州最大的湖泊，风光优美，湖水明净，湖中有一大一小两个岛，大的称男人岛，小的称女人岛。

　　1873年，由路德维希二世买下230万平方米的男人岛，五年后在岛上按法国凡尔赛宫的形式建造了海伦基姆湖宫，历时八年，耗资巨大，几乎掏尽国库，可惜路德维希二世在海伦宫中仅仅住了一个星期就死去。

　　法王路易十六曾是路德维希的教父，他崇拜路易十四，也两次造访巴黎和凡尔赛宫，加上他出生于宁芬堡宫，具有凡尔赛情结。因此，路德维希二世建造海伦基姆湖宫苑就全盘模仿凡尔赛宫苑，在核心区域内的布局如出一辙，中轴对称，有深远的轴线，以基姆湖代替运河，只是规模较小，主轴线两侧水池中的雕塑喷泉形体较高，但轴线中心水池中的雕塑层次较凡尔赛宫苑大为逊色，缺乏阿波罗喷泉那样的气势。

海伦基姆湖宫苑

宫苑中的希腊神话喷水雕塑

德国

仿法国巴黎凡尔赛宫而又自成一派的中轴线设计

恰如其分的顾盼与呼应体现着群体雕像与单体雕像的君臣关系

海伦基姆湖宫苑

宫苑中的树林、花坛、草坪、花卉、喷水雕像构成了有声有色、有历史有文化的林园空间

喷水池边的希腊神话雕像

德国

位于主轴线两侧的雕塑喷泉

仿凡尔赛宫苑中"月亮神"的拉托娜喷泉，位于中轴线上

天地俯仰，山水交融，今古同台，季相万千

海伦基姆湖宫苑

仿凡尔赛宫苑的轴线处理和层层叠叠、一望无际的广阔林园

德国

顶天立地的英雄和慈祥忘我的母爱是包含园林艺术在内的一切造型艺术的永恒主题

副轴线上的巨树、雕像和喷泉

在假山上设置群雕喷泉，让其与蓝天白云对话，讲述那古老的希腊神话故事

海伦基姆湖宫苑

春风拂动芦花，老树遥望平湖

马蹄踢踏，树叶摩挲，花香一路，水波连天

疏林草地中的孤植树

林德霍夫宫
Palaces of Linderhof

林德霍夫宫坐落在慕尼黑西南部僻静的格拉斯山谷中,是路德维希二世于1874年至1878年建造的唯一在他在世时就完工的宫殿,是他所钟爱的度假别墅。宫苑的别墅总体布局还是按照法国勒诺特尔式的中轴对称布局,但由于是山间别墅,规模也较小,因此相对于其他几座宫苑显得活泼而精致,融合了意大利园林的台地风格。

喷水池中的母子镀金雕塑与神殿。神殿位于林德霍夫宫中轴线的另一端,其设计风格脱胎于意大利台地园,层层叠叠奔向亭台,精巧玲珑一气呵成。

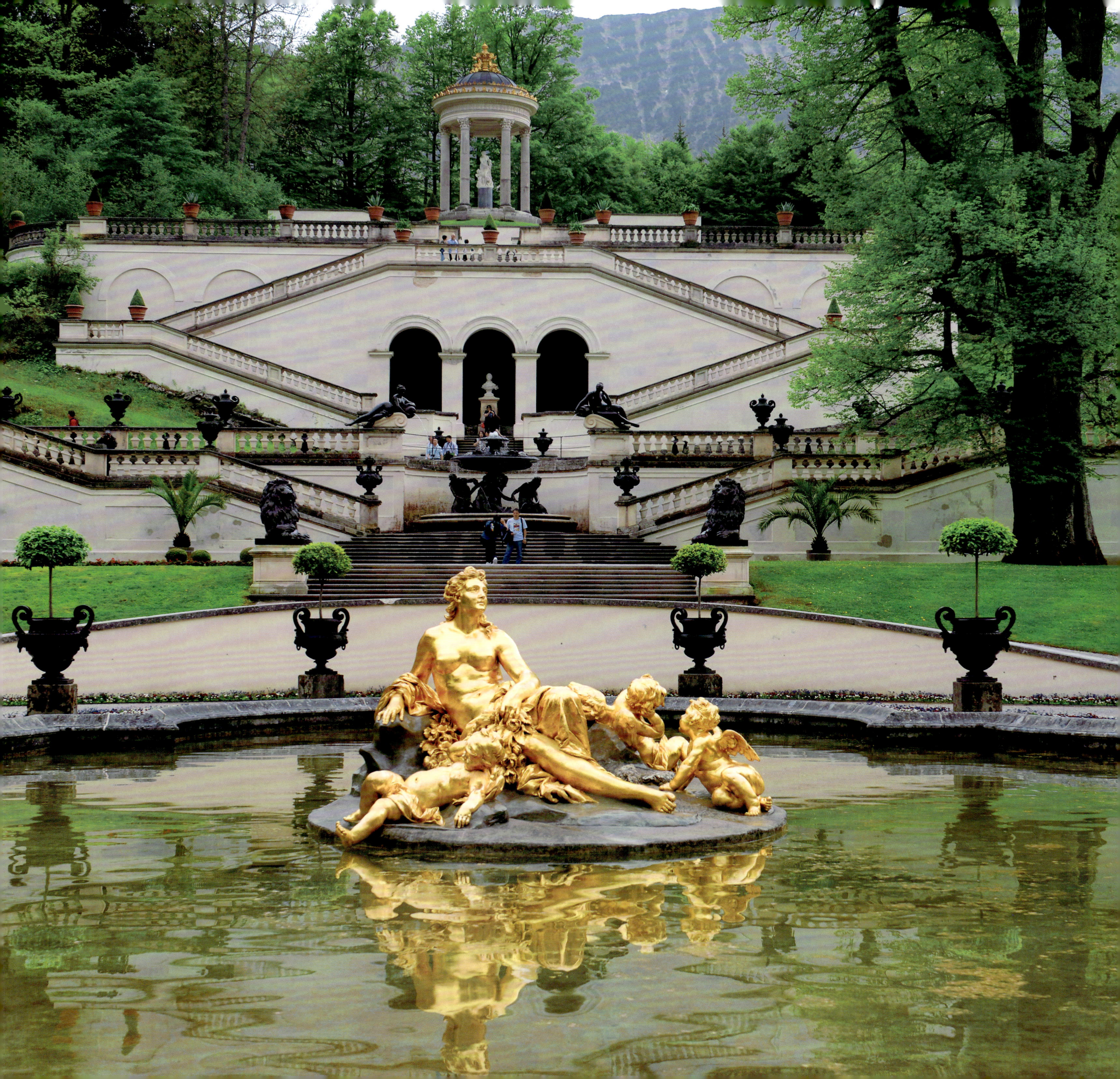

德国

林德霍夫宫中心景区全貌（张渭林 摄）

林德霍夫宮

德国

在宫殿后院小花园中有树墙组成的围合空间

林德霍夫宫正面

从喷水池终端看林德霍夫宫

宫殿后院到后山洞壑处的中轴线上分布着层层叠水烘托下的壁雕、童雕和对称的葡萄花架

宫殿后院的规则式园林

（本页照片均为张渭林摄）

林德霍夫宫

在模纹花坛大台地上远眺洞壑山峦背景的林德霍夫宫

从神殿台地的涌泉跌水处看喷水池和林德霍夫宫

德国

从宫殿后院山坡上俯瞰中心景区和神殿

巴洛克式宫殿前的希腊神话雕像

林德霍夫宫

在神殿前俯视模纹花坛大台地、喷水池、宫殿、后院及山坡上的洞壑、草坡与丛林

鹰 堡
Kehlsteinhaus

鹰堡也称"鹰巢",这座石质建筑坐落在阿尔卑斯山脉克尔史坦山1834米的峰顶。在"二战"结束前,德国人很少有人知道这座希特勒的别墅,直到德国被盟军占领,媒体才公开此事。"鹰堡"的名字出自一位闻名世界的英国记者瓦德·普理斯的战后报道,他将鹰堡称之为"世界八大奇迹之一",并给它取名为"鹰巢"。这可能是因第三帝国的国徽是一只老鹰之故。

鹰堡建于1939年,是马丁·鲍曼送给希特勒的五十岁生日寿礼,马丁是希特勒的同伙,与他关系甚密。尽管建筑限于山体顶部的狭小面积,但经过十三个月六千多名工人的紧张施工,终于得以完成。

鹰堡处于山顶次高峰上,山势险峻,视野开阔,可俯瞰山下蔚蓝色的国王湖,甚至可远眺奥地利的萨尔茨堡。面对的雪山森林,云雾缥缈,气势雄健。设计者的设计思想是伟大、气派、诡异。确实,该建筑体量虽小,却于外在简朴中,体现出诡异阴森之气。

希特勒对这座别墅情有独钟。在这里,他曾招待过国内外重要政客,并在这里签署了吞并奥地利的命令,制订了侵略波兰和法国的计划。"二战"中,盟军对"鹰巢"进行过轰炸,但它却奇迹般地保留了下来。"二战"结束后,这座建筑归美国所有。1960年,转为私有,建筑内现有一家餐馆。在这里不仅能感受到浓厚的历史氛围,还可领略阿尔卑斯山气势磅礴的风景。

鹰堡

在海拔 1834 米陡峭的阿尔卑斯山脉的奥柏萨尔斯堡山峰上修筑的鹰堡

与鹰堡相对的山峦小平地上立有一座十字架和瞭望四周山色的平台，山下的国王湖隐约可见

鹰堡

在十字架山坡上俯看鹰堡和群山

白云缭绕的十字架和观景台

岩石嶙峋,松柏葱茏

德国

云雾缥缈的阿尔卑斯山之一

云雾缥缈的阿尔卑斯山之二

俯瞰阿尔卑斯山山坡上美丽的田园风光

鹰堡

云雾缭绕的阿尔卑斯山之三

阿尔卑斯山区的森林、村落、牧场和田园

加米施·帕滕基兴
Garmisch-Partenkirchen

　　加米施·帕滕基兴坐落在伊萨尔河河谷、维特斯坦因山脉脚下,是阿尔卑斯山巴伐利亚州知名的旅游小镇,离林德霍夫宫只有十多分钟车程。这里有绝佳的滑雪条件,1936年,在这里举办了奥林匹克冬季运动会,1978年,举办过世界滑水锦标赛。

　　这里还可以乘坐窄轨铁路到达德国最高峰——楚格峰的山腰。小镇上的圣马丁教堂始建于13世纪,以保存完好的中世纪城墙壁画和网状拱顶为特色。小镇墙上的湿壁画绘制精细,处处显出它的优雅和灵气,充满着浓郁的南德村镇风格。

典型的德国风格乡村建筑

HAUS-HOHENZOLLERN

HOTEL

德国

建于 13 世纪的圣马丁教堂，15 世纪时再行扩建

加米施·帕滕基兴

圣马丁教堂是小镇上人见人爱的画龙点睛之建筑杰作

德国

山墙上富有特色的湿壁画

云山环抱、文化气息浓郁的优雅小镇

小教堂的钟声在静谧的小巷中回旋

加米施·帕滕基兴

朴素亲切的小旅舍

可爱的德式小筑

雪山下悬挂在墙壁上的武士圆雕

德国

巍巍雪山映照着小镇

雪水甘泉哺育着小镇的居民

层峦叠嶂雪峰背景下的小镇

加米施·帕滕基兴

晚钟

晨曦

雪山小镇的空气清新扑鼻，是休憩养生的世外桃源

维斯教堂
Pilgrimage Church of Wies

世界遗产

  维斯教堂位于巴伐利亚州施泰因加登北部的维斯村中，周围是风景秀丽的阿尔卑斯山。它来自一个古老的传说：1738 年，一座基督的木质神像爬上了一根柱子，一些基督信徒看到了他眼里的泪花。为此，围绕这座神像，人们建造了一所木制的教堂。来自德国各地的朝拜者们蜂拥而至，施泰因加登的修道院院长不得不修建一座更大的教堂。于是，维斯教堂于 1745 年动工，1754 年竣工，其设计者为著名建筑师齐默尔曼，他还在其兄弟的协助下，完成了教堂浩大的设计粉刷工作，这些绘画用鲜艳的色彩将雕塑的细节活灵活现地展现出来。

  维斯教堂早在 1983 年被联合国教科文组织列入世界遗产名录。

  注：文字引自《世界遗产大全》，联合国教育、科学及文化组织编著，成培等译。安徽科学技术出版社，2011 年

具有洛可可艺术风格的彩色雕塑，神秘奇妙，精美绝伦

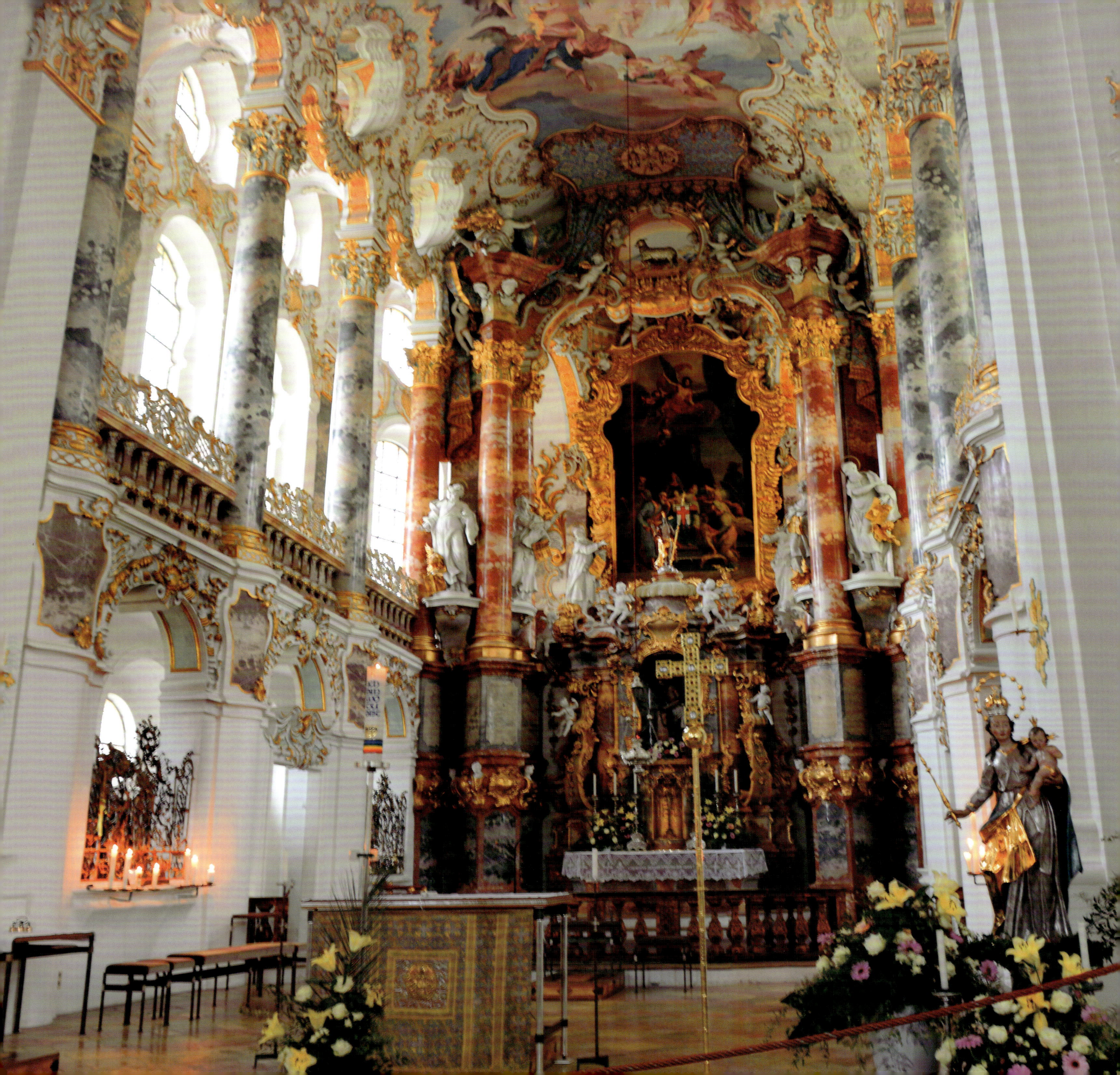

德国

华丽的壁雕和彩绘世所罕见，令人叹为观止

无与伦比的洛可可艺术

维斯教堂

维斯教堂简朴的外观与华丽的室内装饰反差强烈,各有千秋,小小教堂蕴藏着世上博大的精神财富

德国

教堂内的装饰既传承了古希腊柱式的辉煌,又继承了古罗马拱券式的革新,更在巴洛克艺术的基础上大胆运用洛可可式浪漫的艺术手法,为上帝营造了一个飞升的、和谐的、美丽温馨的新家

维斯教堂

教堂内部金光闪闪，明亮舒适；白底彩饰，虚实相让；意境奇幻，风格独具；色彩冷静清雅，千变万化；空间深远空阔，流动腾飞

新天鹅堡（附老天鹅堡）
Neuschwanstein Castle & Hohenschwangau Castle

新天鹅堡是路德维希二世的三座宫殿之一，被称为"全世界最美丽的城堡"，于1869年破土动工，历经十七年时间建造而成。城堡是路德维希二世的梦想之作，他重现了德国剧作家笔下的神话世界的不朽巨作，构想了传说中白雪公主居住的地方。他邀请剧院画家和舞台美术家而不是建筑师绘制建筑草图，以瓦格纳创作的音乐剧《天鹅骑士》为灵感，开始修建白色的新天鹅堡，让那勇敢的骑士和美丽的公主的动人故事在那里重演。路德维希二世是一个喜爱艺术、富有幻想的浪漫主义国王，然而他的感情生活却充满悲剧色彩。他的童年是与他年轻的表姑，后来成为奥地利王后的茜茜公主一起度过的。他的表姑十五岁出嫁，她那美丽的倩影留给了年轻的王子难以磨灭的印记。他二十二岁那年，在举行婚礼前两天突然宣布解除与巴伐利亚公主苏菲的婚事，此后一生未娶。从此就沉醉于舞台剧的幻想中。这个年轻的国王在1886年6月12日视察了即将完工的新天鹅堡工程，在返回慕尼黑途中突然消失在夜幕中，第二天清晨在湖中发现了这位国王和古登医生的尸体，死因至今还是个谜。新天鹅堡那充满童话和浪漫主义的造型，成为至今许多童话城堡的灵感来源，迪士尼乐园睡美人城堡的设计也来自新天鹅堡。

山环水抱的新天鹅堡
（全景网供图）

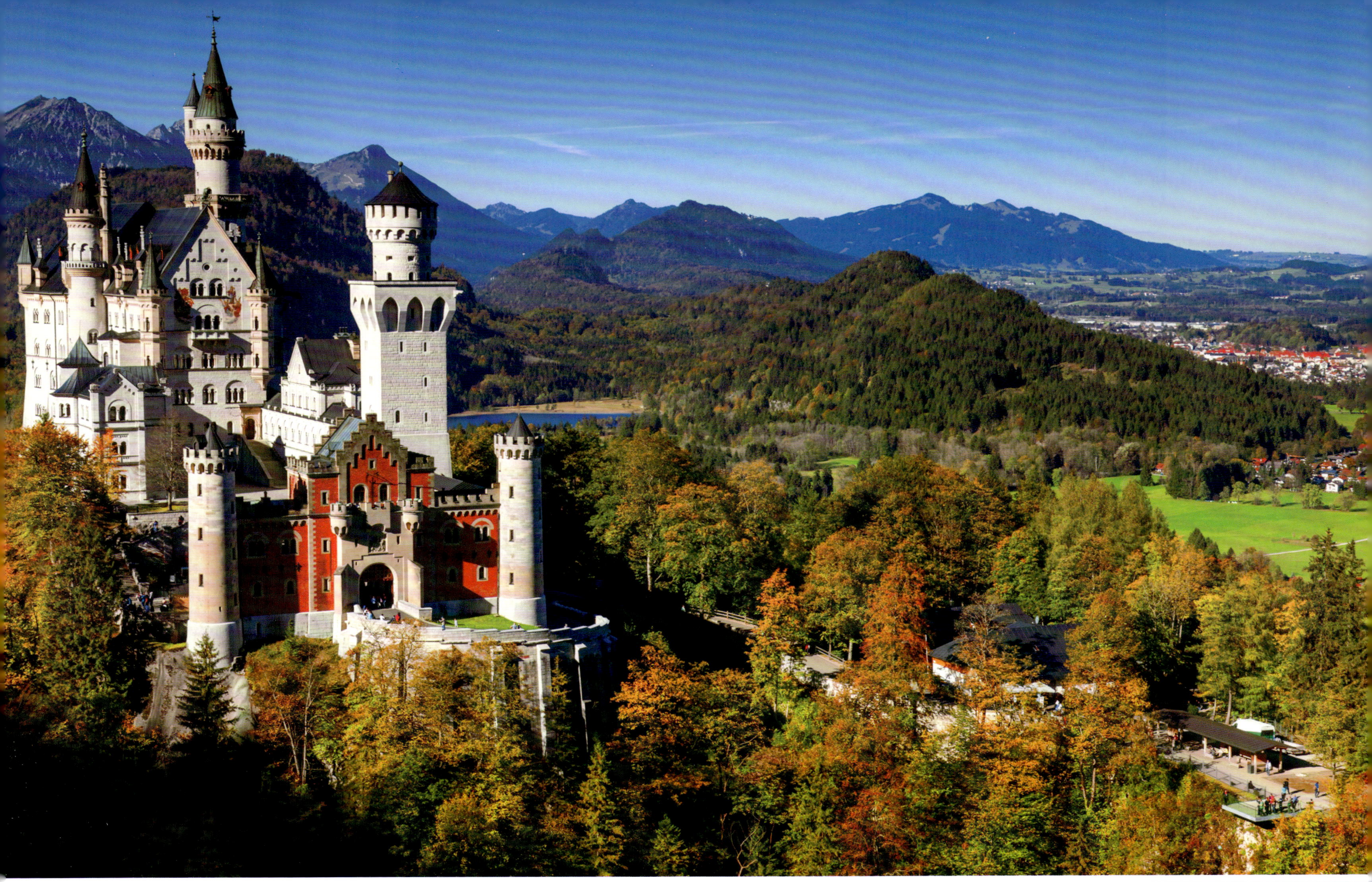

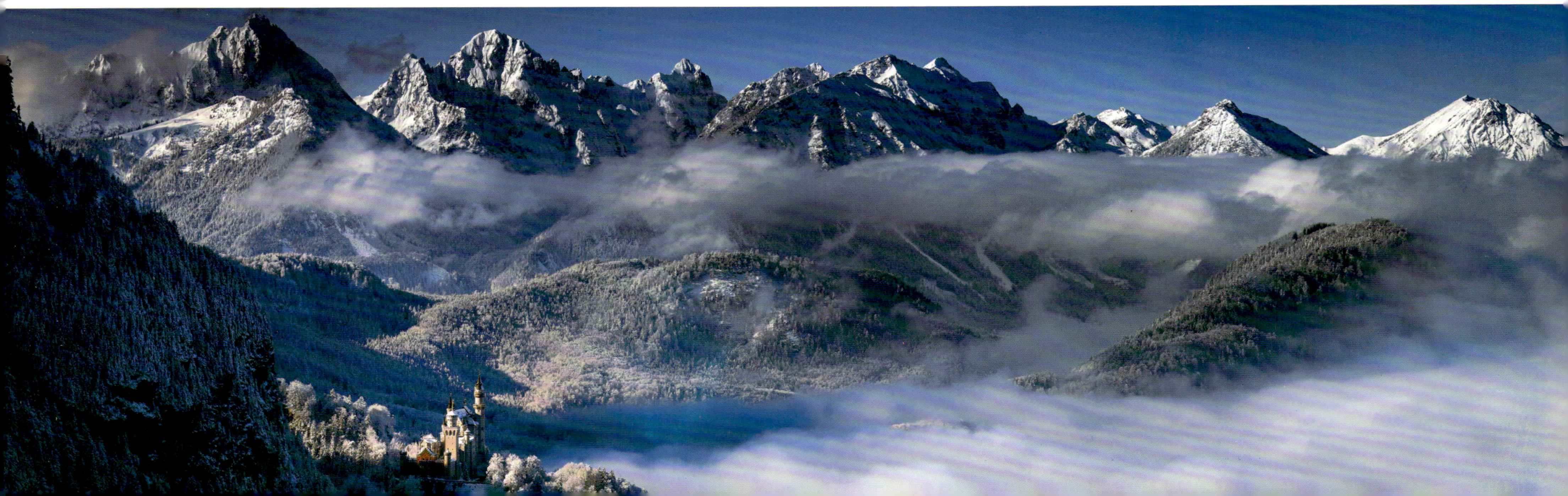

德国

童话般的城堡由路德维希二世建于 1869 年至 1886 年，下列三图是新天鹅堡各个气势宏伟的大门和入口

新天鹅堡（附老天鹅堡）

坐落在碧玉般葱茏秀色中的新天鹅堡

德国

山腰上新天鹅堡的侧影和山脚下的旅游小镇

从悬空桥上看新天鹅堡脚下的山川、草坡、岩壁和森林

新天鹅堡的峡谷上的悬空桥

老天鹅堡为坐落在离新天鹅堡不远处的小山坡上的一座黄色四层城堡。该堡最初建于中世纪，1538年至1547年重修。1567年转入维特尔斯巴赫家族手中。后毁于战火。1832年，在废墟上重建了新哥特式风格的建筑，两侧有转角塔。在城堡周围散步，可了解这个家族的历史，欣赏到19世纪中期的陈设艺术

新天鹅堡脚下的牧场和芳草

新天鹅堡（附老天鹅堡）

从新天鹅堡上俯视一望无际的田园风光

镶嵌在阿尔卑斯山脚下森林原野中的老天鹅堡

德国

在新天鹅堡上俯视阿尔卑斯湖，中部为老天鹅堡

老天鹅堡雪景（全景网供图）

在旅游小镇游步道上仰观近处的老天鹅堡

老天鹅堡下的草地

从侧面看新天鹅堡

新天鹅堡下的旅游小镇

新天鹅堡绚丽的秋色（全景网供图）

新天鹅堡旅游小镇中的马车

新天鹅堡（附老天鹅堡）

从新天鹅堡上俯视老天鹅堡及天鹅湖

斯图加特
Stuttgart

斯图加特位于德国西南部巴登－符腾堡州中部内卡河谷地，是巴登－符腾堡州的首府，靠近黑森林，是德国南部仅次于慕尼黑的工业城市，为世界著名的汽车城——奔驰汽车公司的总部所在地，也是德国重要的矿泉水、葡萄酒产地。北离法兰克福 204 千米，东南距慕尼黑 220 千米，市域人口 300 万，罗马皇帝的一个儿子鲁道夫在 10 世纪时建立了养马场，1321 年，成为符腾堡伯爵的行宫，1806 年，成为符腾堡首府。"二战"中，斯图加特市中心几乎被空袭完全摧毁。战后恢复了城市建设，形成了今天的规模。

老城中心的席勒广场

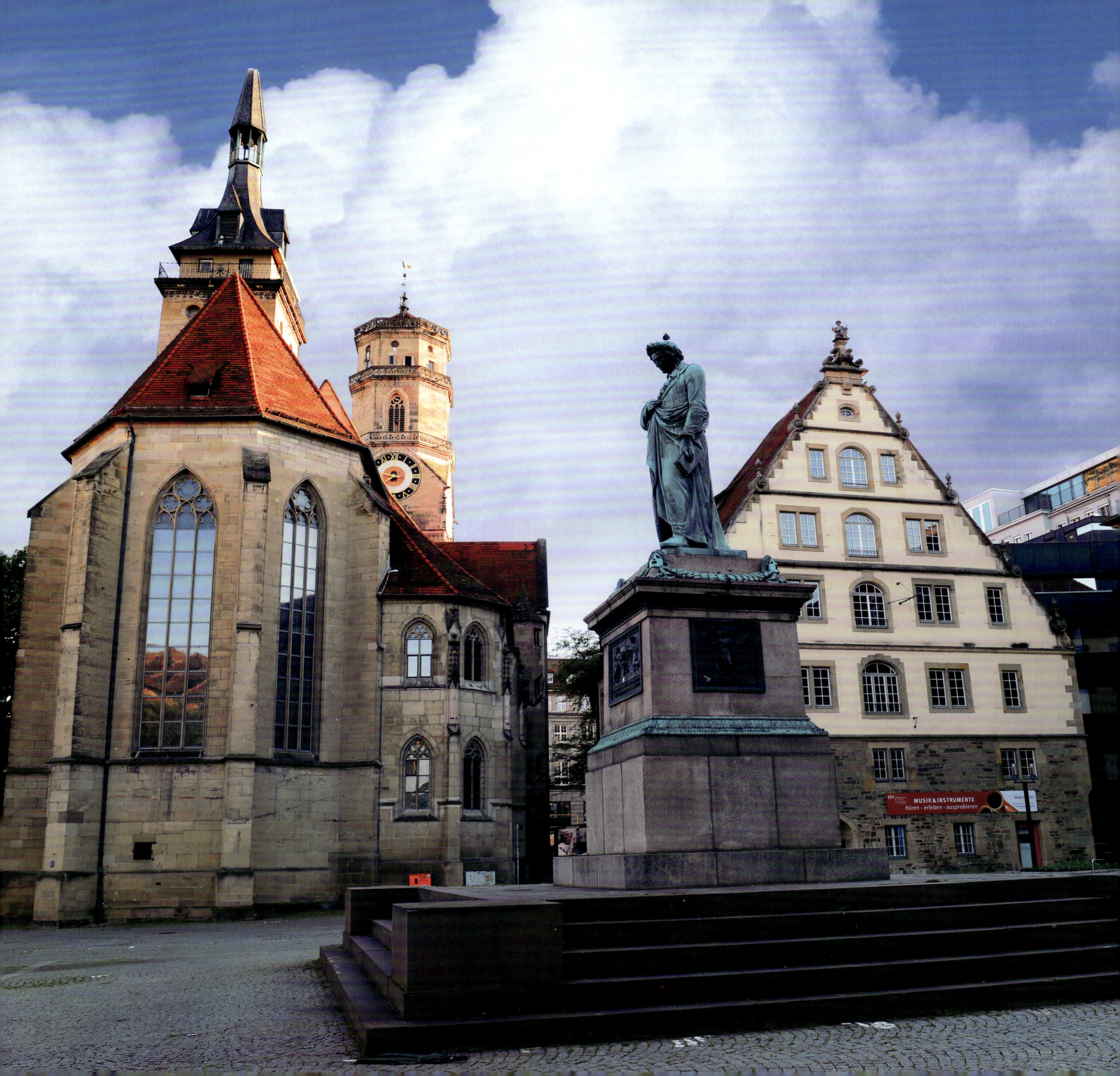
MUSIK&INSTRUMENTE
hören · erleben · ausprobieren

纪念诗人席勒的席勒广场，是展示德国历史文化和建筑文化的市民的客厅

市中心城堡广场两侧的国王大楼（建于 1856 年~1860 年）

广场上的纪念柱

广场东侧为建于 1746 年至 1807 年的新宫殿，这是新宫殿前的喷水池

斯图加特

斯图加特动植物园的高台地上，精心布置了各种植物，点缀了雕塑等小品

美丽悠闲的火烈鸟

德国

放养于水边林下的火烈鸟

斯图加特

白玉兰掩映下的温室

斯图加特动植物园小景

树形优美、生长茂盛的白玉兰

115

海德堡
Heidelberg

  海德堡坐落于内卡河畔，是一座巴洛克式的老城，雄伟的古城堡俯瞰着整个城市。在13世纪和17世纪间进行了多次扩建。城堡建设之初是一座坚固的哥特式堡垒，但现在大部分已成为废墟。威特尔斯巴赫的巴拉汀伯爵曾在此居住。在16世纪进行重建后，这座城堡成为德国最美丽的文艺复兴时期风格的宅邸之一。但经过三十年战争和1689年与法国战争之后，这座城堡大部分建筑都在此期间遭受破坏，开始失去往昔的地位，但它的残迹美依然无与伦比。

  海德堡是充满活力的传统与现代的混合体，海德堡大学是欧洲最古老的教育机构之一。如今海德堡延续传统，街道、小巷和主要建筑都保留了原有的古朴风貌。

横跨内卡河上古石桥的桥头塔楼，雕像为选帝侯卡尔特奥多。诗人歌德非常喜爱这座古桥

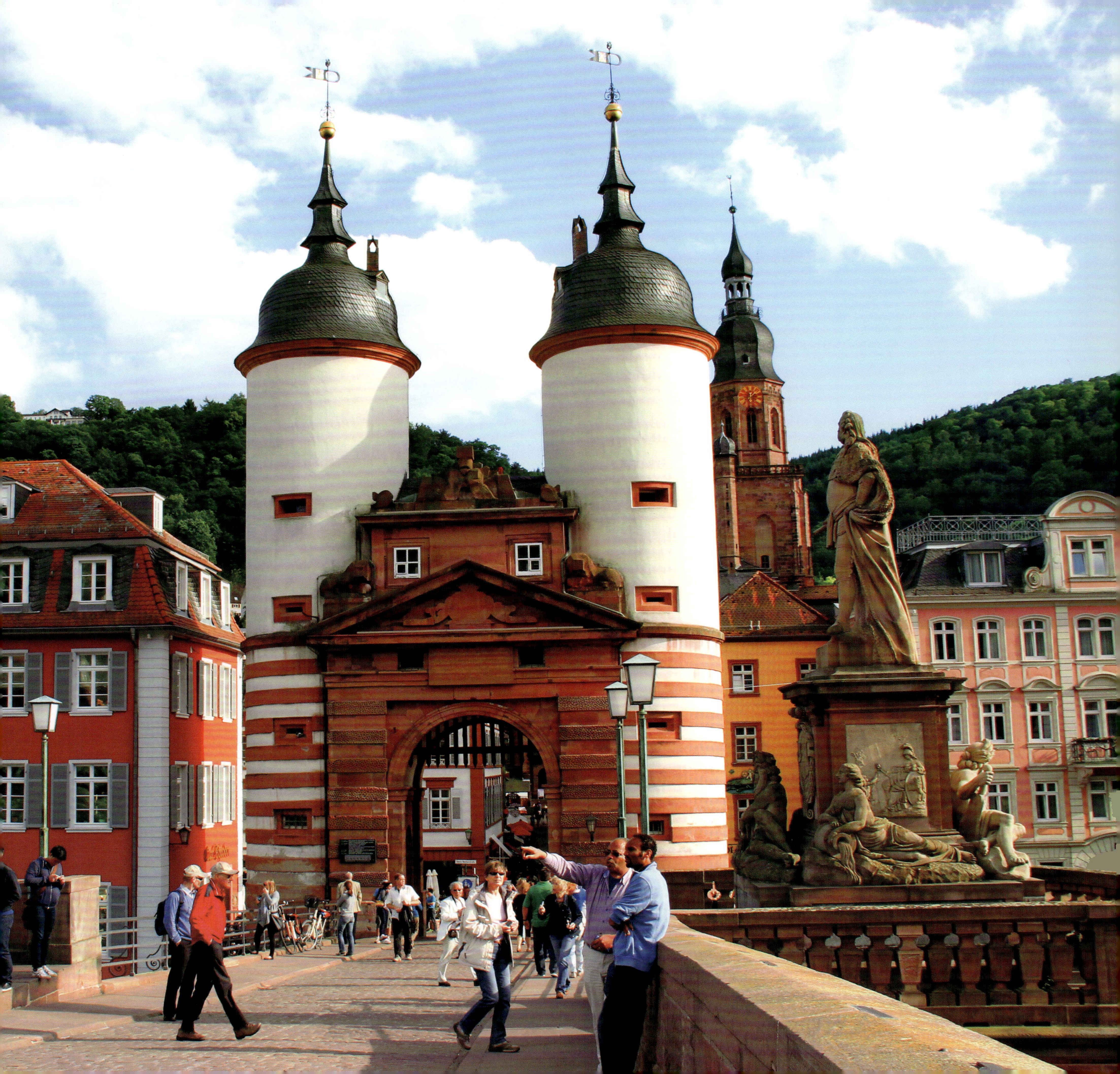

德国

俯视海德堡美丽的市容。莱茵河支流内卡河缓缓穿城而过,大教堂和古石桥一纵一横,相映生辉

海德堡

内卡河桥南的滨水别墅区

从北岸遥望内卡河南岸的建筑群

掩映于树丛间的古建筑

雕楼残迹

令人迷醉的田园与乡村

119

德国

河边的别墅群

海德堡

多姿多彩的各式别墅见证了德国的富裕,展开了美轮美奂的德国建筑史书

德国

海德堡大教堂屹立于海德堡城市中心

海德堡

远眺位于海拔 200 米山上的古城堡，气势宏伟，蔚为壮观

德国

近观莱茵河支流——内卡河两岸海德堡市的精彩局部

海德堡

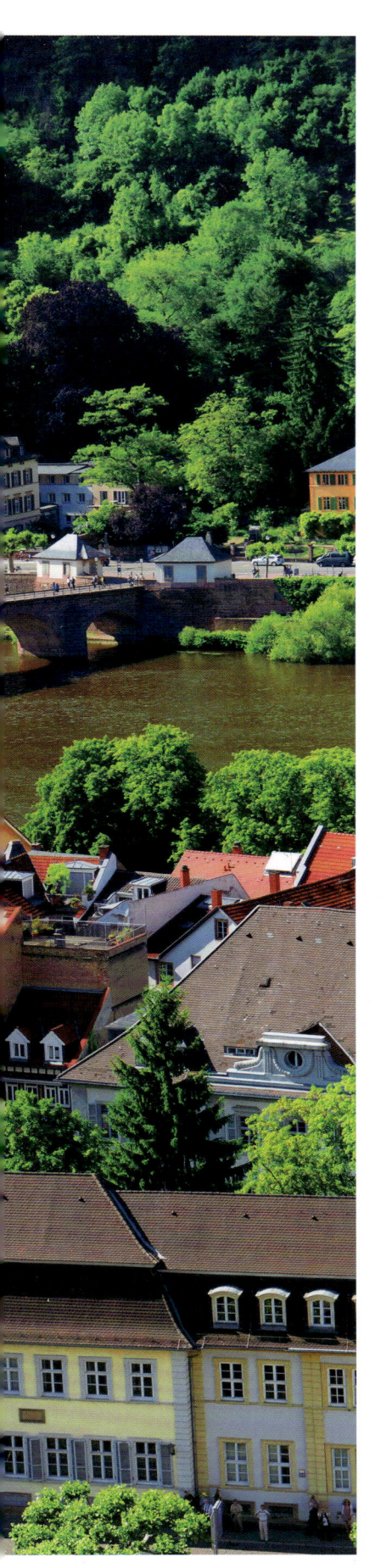

古石桥是海德堡的象征,桥头堡下的城门是海德堡老城的入城口

桥头的雕塑

德国

古塔楼残迹，建于 1400 年的路佩西特楼是古城堡中历史最悠久的一部分

古堡内的住宅残迹，建于 15 世纪

弗里德里希堡广场

古城堡的晚期建筑弗里德里希堡，建于 1601 年至 1607 年，正面竖立着查理大帝等雕像

古城堡内的奥特亨利宫正立面

奥特亨利宫前的踏步

海德堡

奥特亨利宫侧面及宫前的庭院。这座国王博物馆内部,以拥有文艺复兴时期的巴洛克式和洛可可式的作坊为其特色

卡尔斯鲁厄宫苑
Palaces of Karlsruhe

  卡尔斯鲁厄是德国最"年轻"的城市之一，位于斯图加特西边约100千米处，靠近法国边界，现今是联邦共和国宪法法院所在地。

  该城起源于1715年，此时巴登的总督卡尔·威廉·冯·巴登·杜拉赫下令在他最喜爱的狩猎地的中心位置建造一座临时住所，最后永久性地搬到了这里，并在这里平静地度过了余生。因此，这个城市的名称意为"卡尔休息的地方"。他的继任者卡尔·弗里德里希对原始巴洛克风格的建筑进行了改造。

  宫殿建造于1749年至1781年，由诺依曼和其他设计师共同设计完成，19世纪早期，该城按照新古典主义的风格进行了重建，进入了发展的鼎盛期。

  宫殿的前院仍按照法国勒诺特尔的风格布局，后院已反映18世纪自然式园林的格局，苑内树木葱茏，树木的空间组织十分紧凑而有韵律，具有德国少有的植物配置的艺术美。

园内的眺望塔，既能观景又是重要的点睛之作

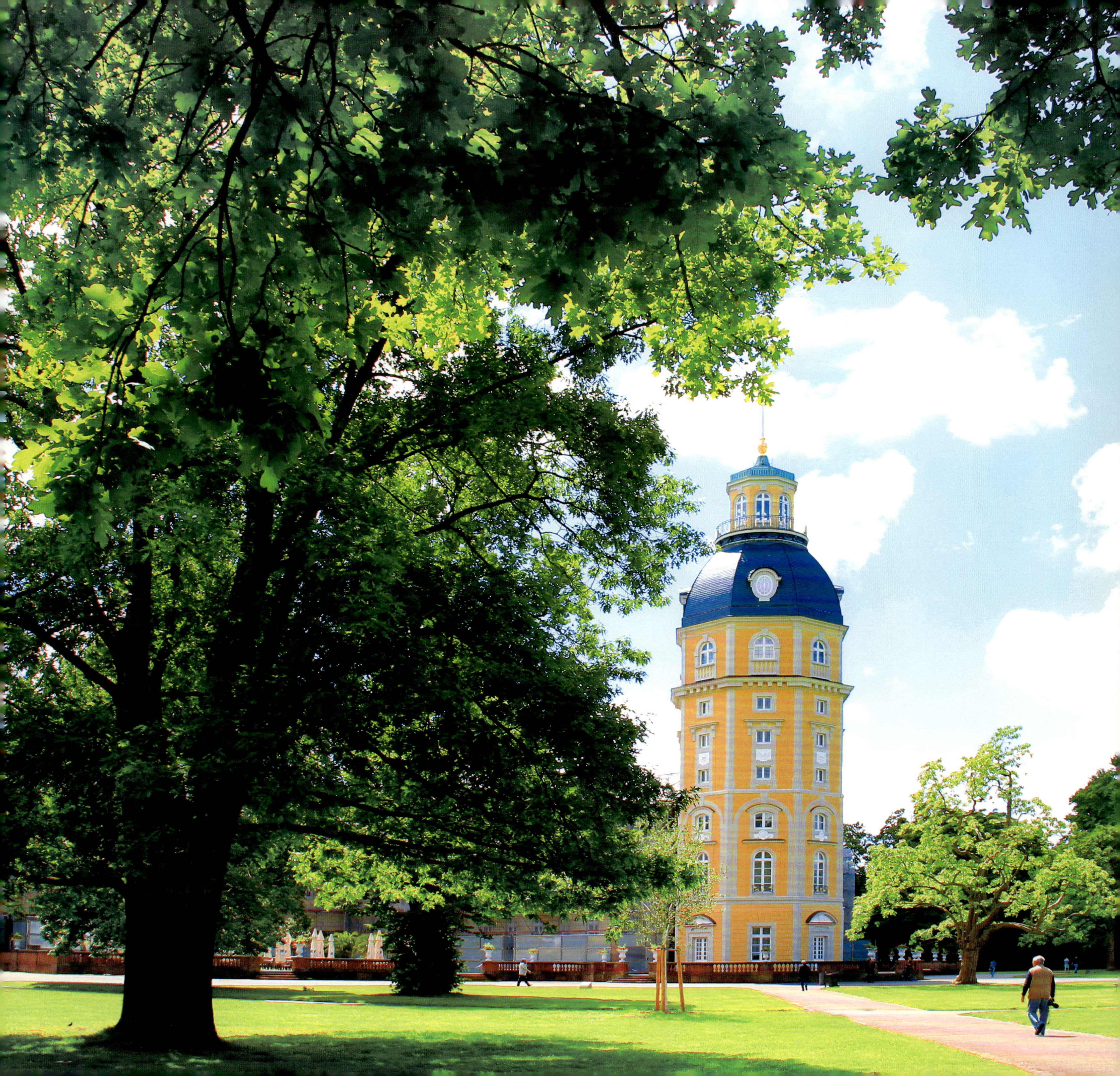

德国

园中有园的庭园，尺度恰当，环境宜人

卡尔斯鲁厄宫苑

德国

草坪上的树丛配置和空间处理收放自如，景象深远

主要园路的节点处理

在草坪上看眺望塔，尺度相宜，是点石成金的精彩之笔

卡尔斯鲁厄宫苑

勒诺特尔式的入口布局与后院自然式的布局形成鲜明的对比

后花园中的睡莲池，自然天成，妙得佳趣

小庭院中的植物配置。两组跌宕起伏的树丛，富有节奏和韵律感

路德维希堡
Ludwigsburg

  路德维希堡位于斯图加特北部，其宫殿为最大的巴洛克式宫殿，因被称为"施瓦本的凡尔赛宫"而闻名。老的主体建筑始建于1704年，最初作为公爵艾伯哈德·路德维希的狩猎行宫。1718年，路德维希堡提升为首府，公爵希望对宫殿进行有代表性的扩建，后来在南部也拟定了新的主体建筑，以至形成四合院的围合式建筑。1733年，庞大的建筑群建成，成为符腾堡公国的中心和首府。

  宫殿北部的花园反映了17世纪古典主义的造园风格，西部的花园则自然有致，富有情趣。1954年，宫殿举行二百五十周年庆典，这些花园一部分按照历史风貌布置，一部分自由地按照巴洛克的艺术形式布置。从那时起，花园以"盛开的巴洛克"而著称。

宫殿正门及雕塑喷泉

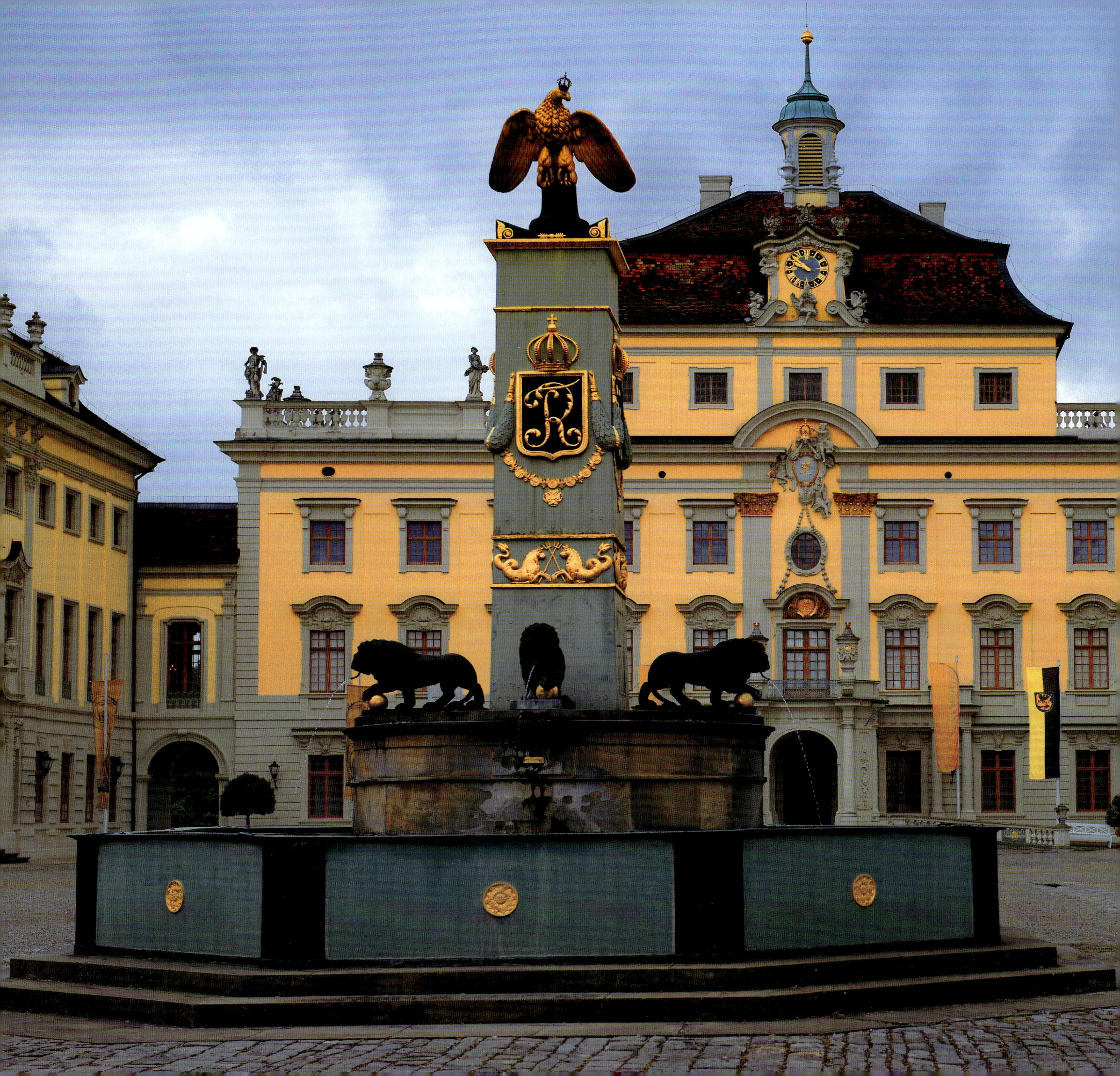

德国

站在宽阔草坪中央，总览一字排开的宿根花卉园及月季花架

日本庭园

宿根花卉园及月季花架（局部）

宿根花境

路德维希堡

欧式庭园布局

东方式庭园布局

德国

以草亭为主景的花园布局

自然形水池及中国式亭子,远端为富有装饰韵味的长长的拱形月季花架

入口前的广场及宫殿建筑群,规整庄严,气势轩昂

路德维希堡

法兰克福
Frankfurt am Main

　　法兰克福位于德国西部美因河畔，是德国的经济、文化中心，这里的国际书展是世界上最大的书展之一。18世纪著名的思想家、作家、科学家歌德（1749年~1832年）就出生在这里。歌德大学即法兰克福大学，是德国最著名的大学之一。

　　老城区中心的罗马广场是昔日神圣罗马帝国举行加冕仪式的地方，是一个集15世纪至18世纪屋房为一体的建筑群，反映了典型的德意志建筑风格。

　　在新城，高楼林立，被人称为"美因河畔的芝加哥"。

法兰克福

位于老城区中央的罗马广场。中间是著名的正义之泉，过去是神圣罗马帝王加冕之地，山形墙的建筑原是1464年一名科隆丝绸商人建的房子，现为法兰克福艺术家联盟所在地

德国

从侧面看山形墙建筑

位于罗马广场的法兰克福市政厅，曾遭受战争的摧残，但整修后仍保存完好

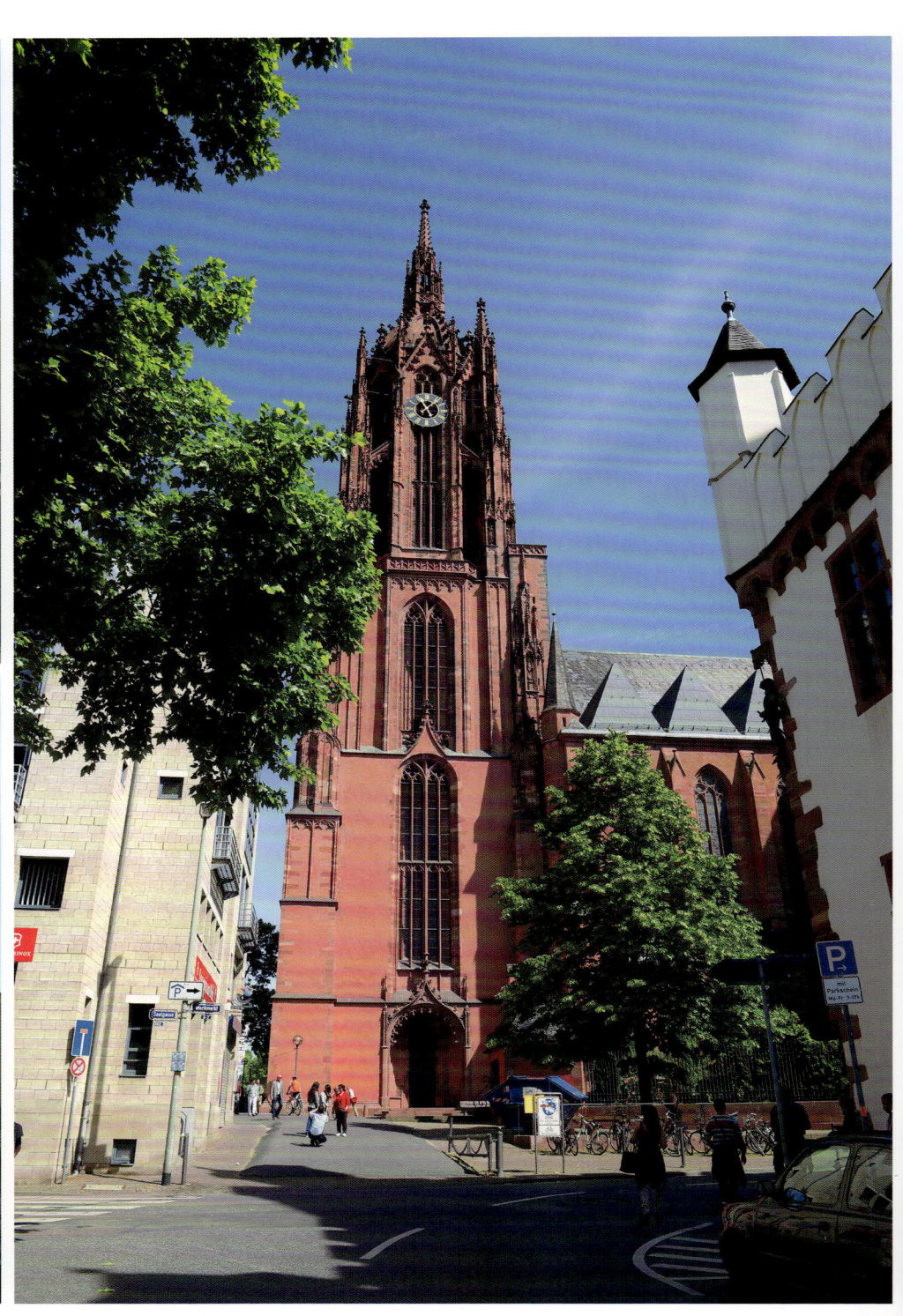

法兰克福大教堂，是一座13世纪至15世纪的哥特式建筑，又称"皇帝大教堂"，曾是德国皇帝加冕之地，历经战火，仍幸免于难

美因河畔的法兰克福现代城市建筑群

罗马广场对面的建筑群

美因河上莱茵大桥另一侧的城市风光

广场旁造型精巧的过街楼

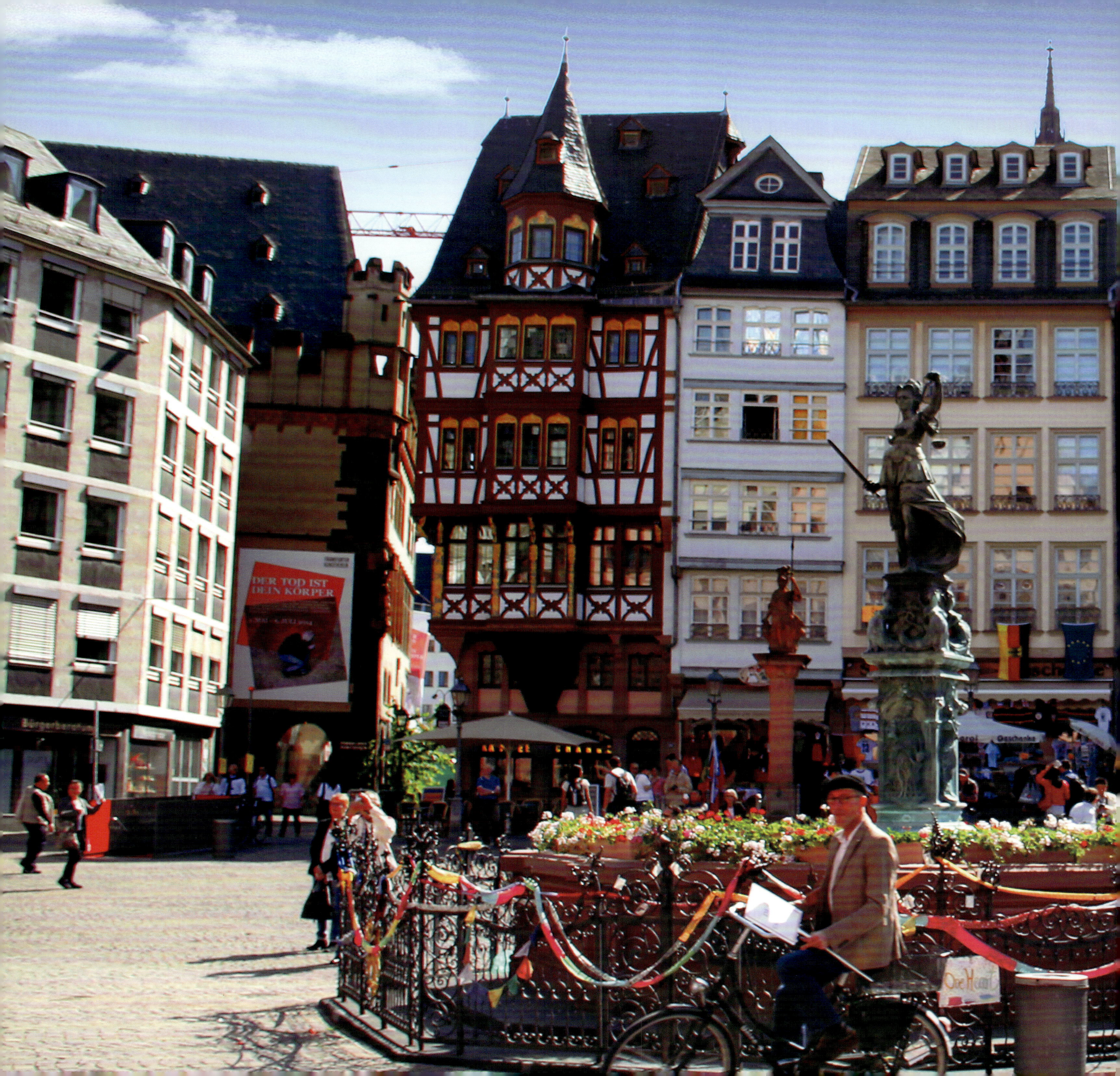
DER TOD IST
DEIN KÖRPER

市中心的罗马广场建于中世纪，当时这里是城市的政治、宗教、商业中心，是法兰克福保留下来的唯一一处建筑群。正义之泉（正义女神之泉）建于1611年。这批木结构建筑被称为"奥斯特莱"

德国

罗马广场东侧建筑群

尼古拉教堂位于罗马广场东南侧，建于1260年，早期为神圣罗马帝国宫廷的礼拜堂，之后为城市议员的弥撒和祷告堂，教堂的钟楼每天响三次：9点、12点和17点。每年11月会在这里举办法兰克福图书博览会

法兰克福

吕德斯海姆
Rüdesheim am Rhein

吕德斯海姆位于美因茨以西约50千米处，是莱茵河畔的一座历史悠久的小城，有"酒城"之称，可追溯到罗马时代。小城古朴精致、小巧美丽，充满艺术情趣。小城中那条沉醉在葡萄酒香中的小巷——画眉巷，处处甜蜜而温馨，葡萄酒酒吧与葡萄酒商店比比皆是，游人如醉如痴，久久不愿离去，永生不能忘怀。

吕德斯海姆

画眉巷，沿缓坡步步深入，其顶端一处用鲜花装点的酒吧和木结构的本土建筑，以及屋外的花架和花境，充满古朴温馨的生活情趣

德国

小城附近是一处月季花园，山坡上是大片的葡萄园

画眉巷中部开辟了一处小花园，人言花语两相交流，欢乐无处不在

画眉巷近尾部有一座葡萄酒博物馆

吕德斯海姆

画眉巷独特优美的建筑风格和高低错落的建筑立面魅力四射,韵味无穷

本页照片均为著名的画眉巷,巷道窄长紧凑,小商店、小酒吧密布,充满浓郁的生活气息

浪漫亲和的建筑造型十分可爱,恰如儿时记忆中的童话小屋

特里尔
Trier

世界遗产

　　特里尔位于德国西部，靠近卢森堡，是德国最古老的城市之一，于公元前16世纪由奥古斯特·特里沃鲁姆建立。公元3世纪至4世纪，这里曾是东罗马帝国（康斯坦丁二世）的首都，被誉为"第二罗马"，公元5世纪，被日耳曼部落征服并毁坏，特里尔失去了先前的重要地位。公元17世纪，仅有居民三千七百人，一百年后人口数量仍不到四千人，现有居民七万多。

　　特里尔位于摩泽尔河右岸，城外环绕着青山绿水，山坡上种满葡萄，自然风景优美。城内教堂林立，古老的城市中有诸多博物馆、纪念馆，其中卡尔·马克思故居纪念馆尤为瞩目。壮丽的尼格拉城门耸立在城市中心，是古罗马遗迹的标志性建筑。

　　1986年，联合国教科文组织将特里尔古罗马建筑、圣彼得大教堂、圣母教堂列入世界遗产名录。

特里尔

尼格拉城门，建于公元 2 世纪，是德国最古老的防御性建筑，至今仍因它的巨大尺寸而让人印象深刻，长 36 米，宽 21 米，高 30 米。两条通道可通往小型内院，内院的防御地道分为两层。侧面为四层高的西塔和未完工的东塔。12 世纪，该建筑被改建为圣西米恩教堂，并一直延续至 19 世纪。建筑城门的石材经风雨侵蚀，表面呈黑色，故而此城门在中世纪时就名为"黑城门"。1986 年，尼格拉城门和圣彼得大教堂、圣母教堂一起，被联合国教科文组织列入世界遗产名录

这座建筑是特里尔的重要标志，包含两座教堂，左侧是圣彼得主教教堂，右侧是圣玛丽亚教堂。326 年，君士坦丁为纪念其执政 20 周年，建造了这两座教堂。圣彼得主教教堂是德国最古老的主教教堂，经反复修整，融不同时代建筑风格于一体。圣玛丽亚教堂的地基像一朵玫瑰，是德国最古老的哥特式建筑之一。

环视尼格拉城门和特里尔市容（张渭林 摄）

特里尔

中央广场上的雕塑喷泉

中央广场一侧的建筑群

圣彼得大教堂侧立面

马克思的故居，位于特里尔布吕肯街 10 号的三层楼内，现为马克思纪念馆，展出马克思的出生证书与英文死亡证件，以及马克思全家成员的照片等

德国

中央市集广场，起源于10世纪，是特里尔主要的市集广场。罗马花岗岩柱还保留着当年十字架的复制品，柱上还有基督的浮雕。广场东南面是1595年建造的柏图斯喷水池（圣彼得喷泉）

特里尔

市集广场上的柏图斯喷水池（圣彼得喷泉，1595 年建），喷泉内有圣彼得和四贤士雕塑

莱茵河中游河谷
Middle Rhein Valley

世界遗产

　　莱茵河的名字是从凯尔特语来的，意为"流淌"。大约公元前50年到4世纪，莱茵河和多瑙河一起构成了罗马帝国北部边界的最大部分。莱茵河是欧洲最重要的内陆水上交通要道，同时也是欧洲风景最美的河流。莱茵河全长1320千米，流域面积252000平方千米，是欧洲最大的河流。莱茵河源于阿尔卑斯山在瑞士境内的格劳宾登州，经瑞士、德国、法国、荷兰，一路奔流，最后在荷兰注入北海，形成了一个狭长的三角洲。德国美因茨到科隆之间的区段为中游，最富魅力，全长约200千米。其中美因茨到科布伦茨段近80千米河段，两岸山坡上遍布葡萄园，风景俊秀，古堡林立。为了保护自然风景的原貌，两岸没有架设桥梁，来往均靠渡轮。

　　2002年，德国莱茵河中游河谷被联合国教科文组织列入世界遗产名录。其理由为：

　　1. 两千多年来，莱茵河中游河谷是一处与众不同的文化景观，这里不但环境优美，风景如画，而且积聚了两千多年的丰厚文化底蕴，它的民居、运输设施、土地使用都有浓厚的传统文化色彩。

　　2. 两千多年来，莱茵河中游河谷作为欧洲最重要的运输线路之一，一直促进着地中海和北部之间的文化交流；

　　3. 莱茵河中游河谷是狭窄河谷中发展传统生活方式和通讯方式的典范。两千多年来，峡谷陡峭的斜坡形成了独特的景观，但这种土地使用模式面临着当今社会生态压力的日益威胁。

松埃克城堡又称素角城堡，建于1010年，13世纪这里几乎是拦路抢劫的骑士们的巢穴，1282年，被鲁道夫·冯·哈伯特摧毁。先后由弗里德里希、后来的德国国王腓特烈·威廉四世，以及威廉一世等重建

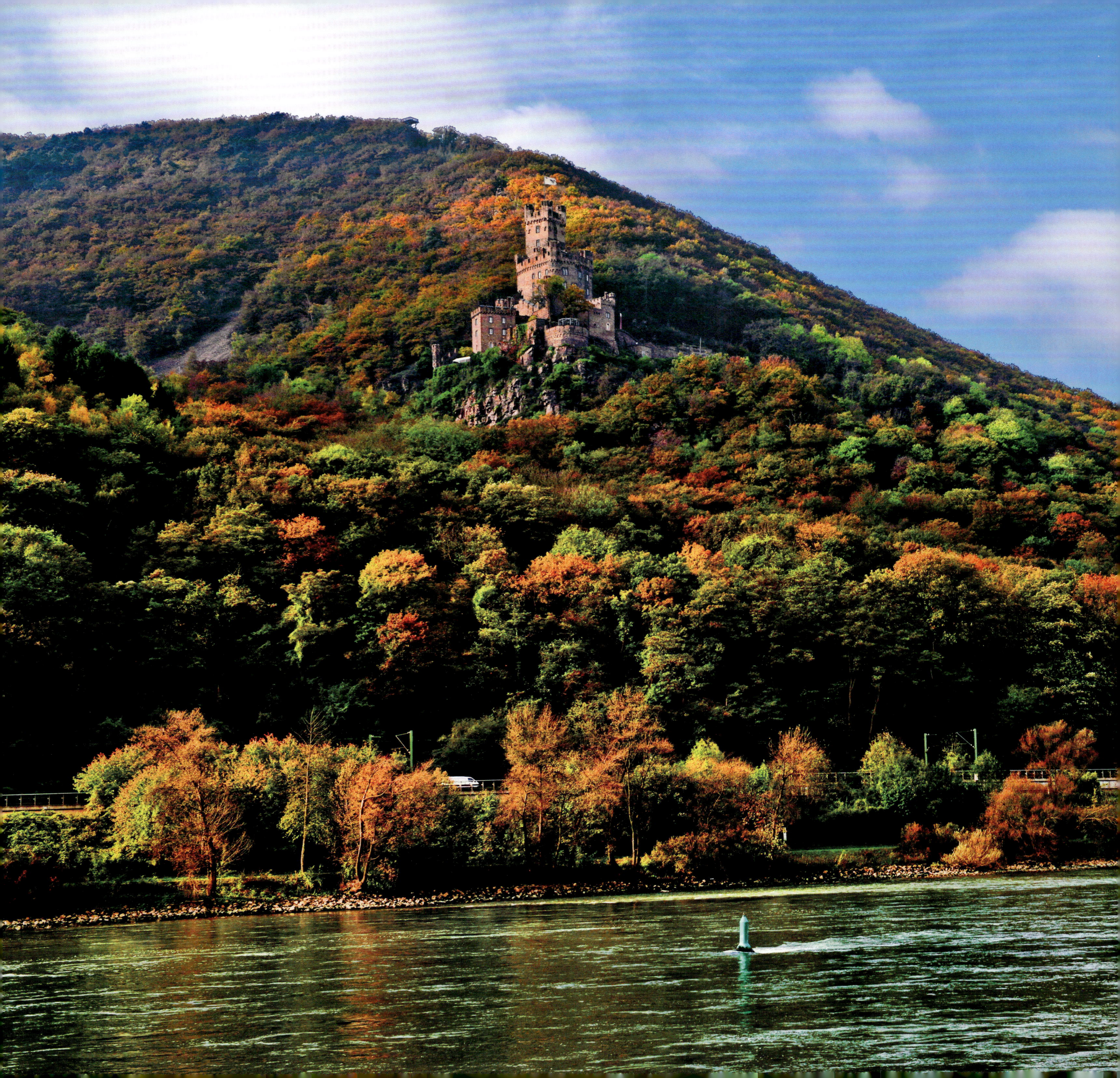

德国

莱茵河中游如画的秋色

莱茵河两岸风情万种的金色

莱茵河中游登船处宾根侧畔的花园

宾根的河畔花园

莱茵河中游河谷

阿斯曼豪森（Assmannshausen），著名的旅游胜地，城中有矿泉眼，所产的优质红葡萄酒享有盛誉，德国著名的红四星大酒庄——霍伦堡酒庄就在小镇上

位于巴哈拉赫（Bacharach）半山坡上的维尔纳小教堂（Wernerkapelle）只剩下地基、框架，堪称德国最美丽的教堂遗址之一

德国

阿斯曼豪森（Assmannshausen）小镇依山傍水，正是这独特的土壤和地形滋养出德国境内最上乘的葡萄酒

19 世纪初莱茵河中游宾根河段的老照片

莱茵河中游河谷

建于12世纪的尖顶小教堂是阿斯曼豪森（Assmannshausen）小镇的地标性建筑

德国

莱茵河中游夏季充足的日照、适宜的气温和肥沃的土壤，使这里成为种植葡萄的天堂

莱茵河中沙洲秋意浓浓，平缓的谷地中隐藏着田园风光小镇

斯塔莱克堡（Burg Stahleck），意指"峭壁上坚不可摧的城堡"。1689年，被法国人摧毁，现为风景优美的青年旅馆

莱茵河中游河谷

下海姆巴赫（Niederheimbach）及奥内克堡（Burg Hohneck），街道两旁矗立着许多精致优美的半木结构老房子，中世纪风情十足

有着田园风光的葡萄酒小城洛希（Lorch），城里有哥特式的圣马丁教堂（Kirche St. Martin）、文艺复兴时期风格的希尔辛故居和诺里希（R.Nollig）城堡遗址

澳博威瑟尔（Oberwesel）的牛塔（Ochsenturm）建于1356年，它并不与城墙相连，坐落在铁路线与公路、莱茵河之间

德国

巴哈拉赫（Bacharach）坐落在莱茵河左岸，自 9 世纪始现于史册，13 世纪建城，16 世纪成为以葡萄种植和酿酒出名的地区。其保存良好的中世纪护城墙有十六个监视塔楼，城中保存着许多桁梁木结构房屋及葡萄酒酿造学校，还有圣彼得教堂、维尔纳小教堂遗迹、斯塔莱克堡（Burg Stahleck）等

莱茵河中游河谷

德国

徜徉在莱茵河，与未知的风景不期而遇

莱茵河中游河谷

带有城墙和钟楼的考伯（Kuab），景色美丽如画。古藤岩堡（Burg Gutenfels）耸立在城市背后的山巅

建于13世纪的古藤岩堡（Burg Gutenfels）命运多舛，历经福根斯坦家族、普法茨格拉芬伯爵家族、巴伐利亚国王等不同的主人，城堡也先后被巴伐利亚军队和法军攻破过

圣高阿（St.Goar），公元6世纪由经营餐饮业及制陶业的旧奴隶主圣高阿所建。前身是卡册奈伦伯格伯爵领地的首府，伯爵于1245年修建了莱茵岩城堡（Burg Rheinfels），是为征收莱茵海关税。莱茵岩城堡在17和18世纪两次遭到法军围攻，最终被法国人所摧毁。而到了19世纪，另一位法国人，正是在圣高阿写下了他那篇著名的莱茵河游记，他的名字叫做"维克多·雨果"

兄弟反目双城堡，列本斯坦（Liebenstein）和斯坦瑞恩伯格（Sterrenberg）两座城堡对面而立，中间有护墙隔开，好像正在交战一般，它们分别建于11和13世纪。另有一说是两座城堡分属两个兄弟，他们在本豪芬教堂中斗殴毙命

莱茵河中游河谷

莱茵岩城堡（Burg Rheinfels）。此照为170页上图圣高阿（St.Goar）右侧的延续部分

船在水中行，人在画中游

舍恩堡（Schönburg，美丽堡）俯瞰着澳博威瑟尔（Oberwesel）镇上的圣母教堂（Liebfrauenkirche，红色教堂）

位于莱茵河考伯的法尔茨岛（Die Pfalz）最初也是关税塔

如果说莱茵河是一条珍珠项链，沿岸的古堡便是一颗颗珍珠，处处令人惊艳

莱茵河在科伦布茨有个大转弯，俊美的山峦造就了莱茵河的壮美画卷

黑森林滴滴湖
Titisee-Schwarzwald

　　滴滴湖位于德国西南部巴登－符腾堡州的黑森林地区，海拔858米，是黑森林地区最大的天然湖，也是德国西南部最小的湖之一，却是黑森林地区风景最优美的湖。湖泊面积仅2平方千米，水深40多米，滴滴湖在德语中是"少女湖"的意思。

　　黑森林是德国最美的地区之一，这条南北长160千米，东西宽60千米不等的高山林区，生长着高大的冷杉和云杉等常绿针叶树。蟒龙般的森林里，树木非常稠密，枝叶呈墨绿色，郁郁苍苍，"黑森林"由此得名。滴滴湖深藏其中，湖水明净清澈，显得特别幽静雅洁，具有天堂般的纯净美丽。在秋光中营造出一番风烟俱尽、水光潋滟的绝世幻境。黑森林地区的布谷鸟钟（咕咕钟）蛋糕、果料酒、猪肘是其著名的特产。

黑森林滴滴湖

湖畔的别墅

德国

湖畔的旅游度假小镇

湖畔云杉树背景前的白杨树

湖畔度假宾馆

从另一角度看湖畔度假宾馆

黑森林滴滴湖

如梦如幻的滴滴湖

湖畔度假酒店

德国

度假宾馆

湖畔别墅

金光闪烁，白云翻飞

黑森林滴滴湖

湖畔度假村

德国

点缀在湖滨公园草坪上的棋局

湖中倒映着莽莽苍苍的黑森林

商店里的布谷鸟钟

黑与白的艺术境界

在黑森林中穿行

漆黑的山林倒影烘托着的艳丽秋色，宛若仙境，美如油画

黑森林滴滴湖

滴滴湖中的童话世界

背山面水、冬暖夏凉的度假屋

高档度假屋

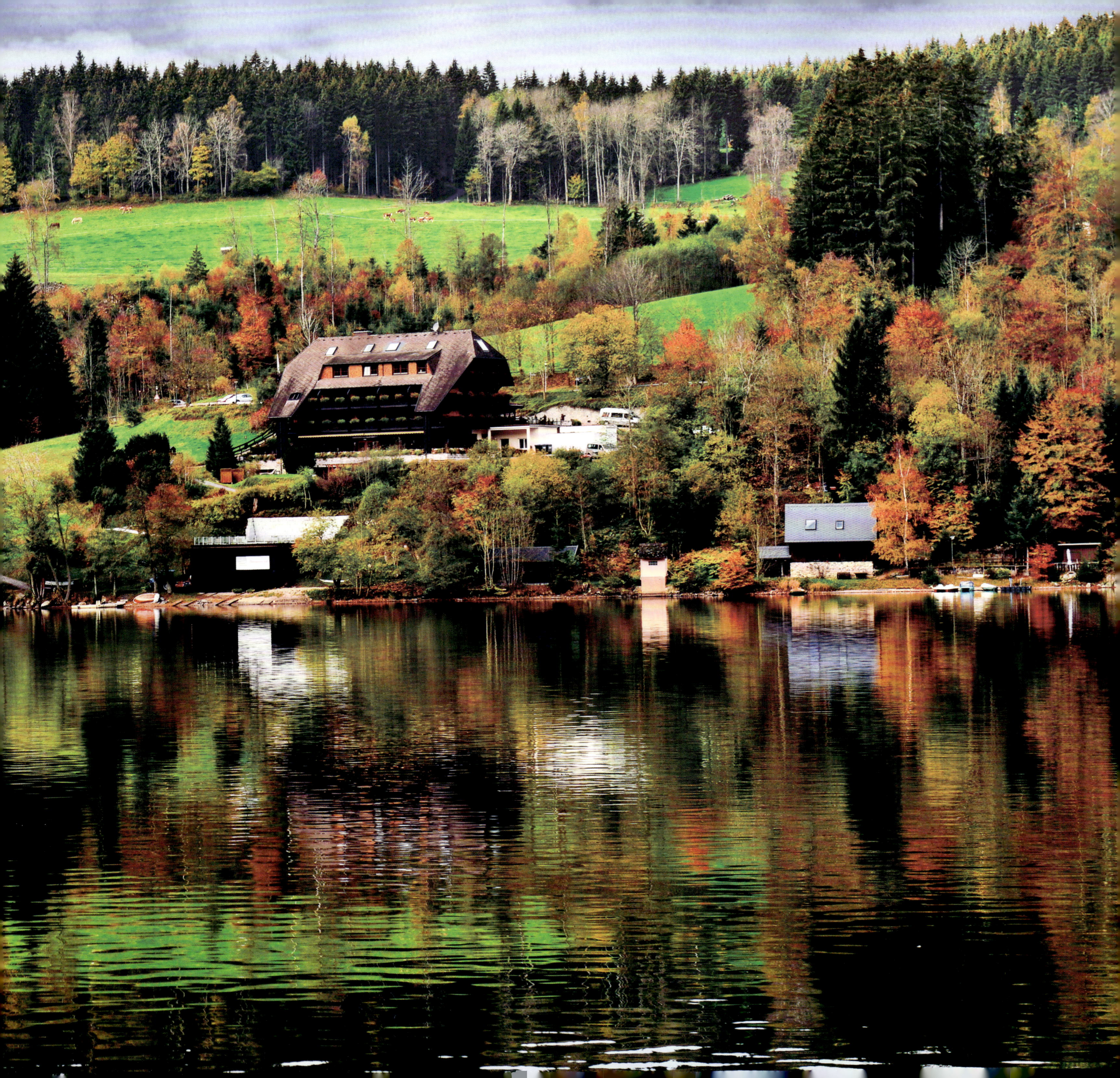

亚琛大教堂
Aachen Cathedral

世界遗产

　　亚琛大教堂又名巴拉丁礼拜堂，现存加洛林王朝建筑艺术最重要的范例，也是阿尔卑斯山以北最大的圆顶结构建筑。位于德国西部的亚琛市，是著名的朝圣地。

　　该教堂始建于790年至800年，正值查理大帝统治时期，查理大帝殁后埋葬于此（1988年发现其遗骨）。在整个中世纪，它都是宗教建筑的典范之一。历任德国皇帝都在此加冕，这种情况一直延续到1531年。经过一千多年的演变后，大教堂基本形成了它的外观。它的大理石石柱（来自希腊和意大利）、青铜大门、八角形外观和穹顶，自建成之日起，就被认为是杰出的建筑成就。14世纪中叶，在教堂前加建了一座塔楼。1355年至1414年间，又加建了一座长老会内殿。

　　1978年，亚琛大教堂被联合国教科文组织列入第一批世界遗产名录。

亚琛大教堂

亚琛大教堂（全景网供图）

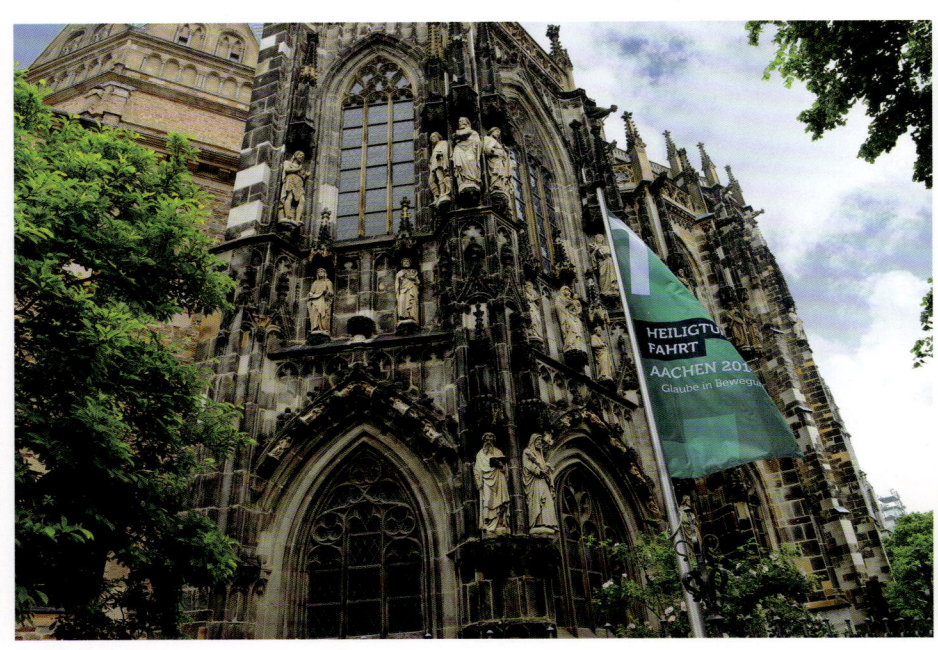

德国

亚琛大教堂局部

亚琛大教堂正面

亚琛大教堂室内大厅

（全景网供图）

（全景网供图）

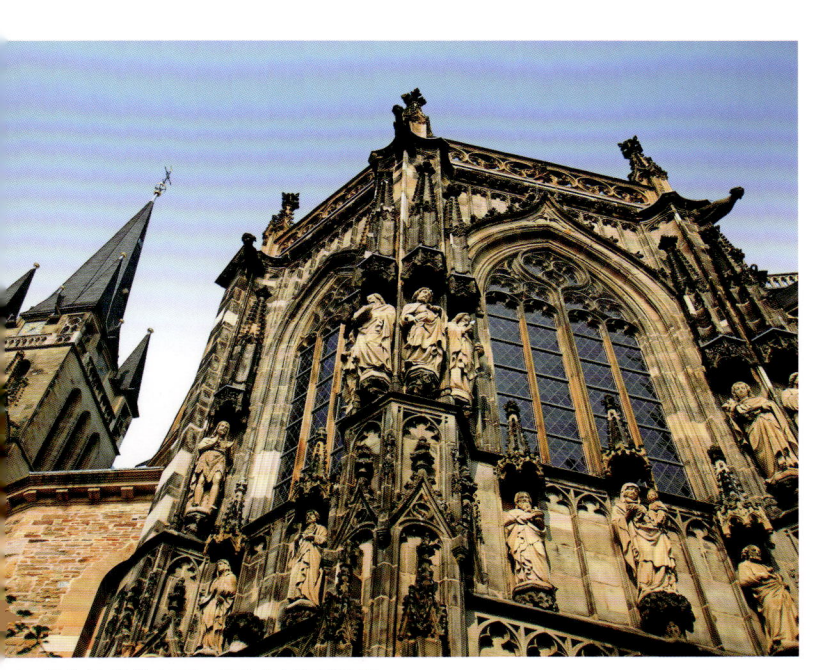

亚琛大教堂外立面细部（全景网供图）

亚琛大教堂的侧面

无比精湛的亚琛大教堂外观

亚琛大教堂

科隆大教堂
Cologne Cathedral

世界遗产

科隆是德国最古老的城市之一，其创立者为罗马人。从5世纪末起，该城由法兰克人统治。在查理大帝统治下，该城上升到大主教区的地位。科隆一直是强大的教会中心，它拥有十二座罗马式教堂以及著名的哥特式大教堂——科隆大教堂。

科隆大教堂是德国最著名的哥特式建筑，拥有壮丽雄峻的外观，恢宏的尺度。高157米，宽144米，建筑面积28666平方米，是仅次于塞维利亚大教堂和米兰大教堂的世界第三大教堂。它的中厅跨度为15.5米，拱顶高为43.5米，教堂于1248年8月15日奠基，神父宅邸在1322年使用，大教堂陆续建设到1520年左右，直到19世纪，整座大教堂依然处于未完工状态。1833年，圣坛部分保留中世纪的原状，对其他主体部分重新进行设计。1880年，整个主教堂建成前后历时六百多年，历经岁月沧桑，一代又一代的建设者们被相同的信仰和绝对忠诚于原有设计的精神所激励。

人们认为大教堂的遗址最初于4世纪用于基督教教徒做礼拜。313年，米兰谕令之后，即康士坦丁和利辛纽皇帝在罗马帝国正式宣布宗教自由之后，被扩张为一个教堂。几个世纪后，这一建筑群被大大扩张，在13世纪，人们称之为"德国教堂之母"。德国大文豪歌德称它是"人类文明进程的一部文献"。

1996年，联合国教科文组织将科隆大教堂列入世界遗产名录。

上中图为主教的黄金棺椁，上左图和上右图为波恩街头所见奇景，三个居民坐在悬空挂在墙壁上的座椅上，令人惊愕不已。

科隆大教堂

科隆大教堂（全景网供图）

德国

莱茵河畔的科隆大教堂全景

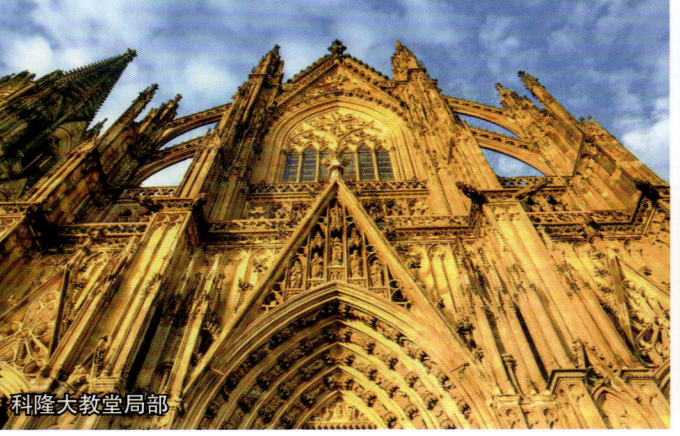

科隆大教堂夜景

科隆大教堂局部

（本页照片为全景网供图）

科隆大教堂侧立面的精致尖塔

科隆大教堂

德国

科隆大教堂正面局部

科隆大教堂

科隆大教堂正门细部

德国

科隆大教堂大厅内著名的以圣经故事为题材的刻花玻璃窗

科隆大教堂正立面（全景网供图）

科隆大教堂

科隆大教堂大厅

科隆大教堂侧立面局部(全景网供图)

海伦豪森宫苑（汉诺威）
Gardens of the Herrenhausen Palace (Hannover)

　　海伦豪森宫苑位于汉诺威市，距汉诺威 1.5 千米，与勒诺特尔设计的榆林大道——海伦豪森林荫大道相连。1666 年，约翰·弗里德里希公爵建造了带花园的享乐园，即今天的大花坛。宫殿由意大利建筑师奎里尼设计，花园由勒诺特尔设计。1680 年，恩斯特·奥古斯特公爵以后的选帝侯及其夫人索菲（1630 年~1714 年）让其园艺师马丁·夏波尼尔花了三十年时间构筑大花园。到 1700 年，大花园扩建至今天的规模，同时建成了环绕花园的水渠。在此期间，在荷兰长大的索菲夫人对花园的一草一木、一砖一瓦花尽心血，她说："这座花园是我的生命。"1720 年，大喷泉首次运行。1835 年至 1841 年和 1859 年至 1860 年，由宫廷园林师肖姆伯格设计、格奥尔根四世命名的格奥尔根园（英式风格的自然山水）建成。1866 年，汉诺威王国成为普鲁士的一个省，宫殿和花园仍属于韦尔芬王朝家属所有。1921 年，汉诺威政府接管格奥尔根园。1943 年至 1945 年，宫殿、花园和棕榈馆被炸毁。1966 年，大花园于三百周年庆祝大会之际重现光彩。

　　海伦豪森宫苑分三个部分：大花园、格奥尔根园和山园（植物园）。宫苑在索菲夫人的旨意下，借鉴了法国园林和荷兰园林的风格，规整对称，整个宫苑呈现巴洛克式的总体风格。其中花园中大喷泉高达 82 米，是欧洲花园中最高的喷泉。花园中除在 1686 年建造了一座温室外，还在 1689 年建造了一座露天剧场，舞台纵深达 50 米，装饰着千金榆树篱和镀金铅铸塑像，成为花园中最吸引人的地方。这座巴洛克风格的剧场至今还在使用。

海伦豪森宫苑（汉诺威）

海伦豪森宫苑的模纹花坛、整齐的道路、绿篱与喷泉

德国

入口处由两侧精细模纹花坛与水池构成的严整对称布局,是典型的勒诺特尔式的风格

以修剪整齐的树墙作为背景,在宫苑副轴线上也点缀着造型精美的希腊神话雕像

海伦豪森宫苑（汉诺威）

雕塑喷水池细部

宫殿前生动活泼的雕塑喷水池和模纹植坛

模纹植坛边缘的花卉装饰

德国

在露天剧场两侧，有千金榆和红豆杉映衬下的两排镀金雕像

镀金雕像局部

精美的壁雕和生动的跌水

宫苑入口挡土墙上的石窟雕像及海螺形跌水装饰，与法国沃·勒·维贡特花园的处理手法非常相似

海伦豪森宫苑（汉诺威）

两排高大的树木构成夹景，喷泉更显雄伟壮观

由树墙围合而成的小花园空间

德国

宫苑内有八组布局不同的示范小花园

露天剧场入口处

围栏下以石窟、喷水、雕像作装饰，事半功倍，观赏效果出人意料

精美的希腊神话雕像

宫苑中的小品

海伦豪森宫苑（汉诺威）

汉诺威市政厅的巴洛克式屋顶

德国

汉诺威市政厅的两个侧立面

市政厅的后花园

海伦豪森宫苑（汉诺威）

春雨霏霏的汉诺威市政厅（张渭林　摄）

吕贝克
Lübeck

世界遗产

　　吕贝克位于德国北部，汉堡东北，面临波罗的海梅克伦堡湾。吕贝克是前汉萨同盟的中心，建立于12世纪。16世纪时，这里成为主要的北欧贸易中心，开始走向繁荣。至今仍然是海上贸易的中心，更是北欧地区的贸易要塞。吕贝克是个历史古城，拥有一千多座历史性建筑，被称为"12世纪的一颗宝石"，亦有"汉萨女王"之称。城内建筑包括15、16世纪的贵族官邸、公共建筑、著名的荷尔斯登城门、教堂等。城内著名的五座大教堂，共有七个尖顶，所以也被称为"七尖顶城"。

　　吕贝克市造型犹如一个刀锋，这决定了城市自建成起，就有两条平行的交通线路。城市的西侧聚集着富商们豪华的别墅。这些从中世纪以来就以红砖、红瓦砌筑的哥特式建筑，成为一个国家建筑的样式。

　　"二战"炸毁了城市五分之一的建筑，包括部分天主教堂、圣彼得教堂和圣玛利教堂，损害尤为严重的是富商们居住的部分房屋。战后，人们对这些重要的古建筑和教堂都进行了适当的翻修和复原。

　　吕贝克古城于1987年被联合国教科文组织列入世界遗产名录。

吕贝克

荷尔斯登城门，是吕贝克城市的标志，也是中世纪晚期德国最著名的城门，建造于 1466 年至 1478 年，曾为吕贝克唯一的出入口，由赫里希赫尔姆·施蒂德设计

德国

荷尔斯登门周围的城区

耶稣圣心教堂,建造于19世纪

吕贝克

特拉瓦河沿岸的城市风光

公园围绕着的霍尔斯泰门

圣母教堂侧影。这座教堂是最高的砖砌的哥特式风格建筑，建于 1260 年。正面建筑为市政厅，始建于 1226 年，为德国著名的砖砌建筑

汉 堡
Hamburg

    汉堡是德国的第二大城市，也是德国最大的海港，欧洲最佳转口港之一，位于易北河的出海口。面积 755.3 平方千米，人口 175 万。公元 9 世纪初，查理大帝率军北上在这里扎寨，这是汉堡的雏形。825 年在易北河畔修筑城堡，1189 年，神圣罗马帝国皇帝巴巴罗萨，颁布城市权，于是汉堡成为自由市。13 世纪，汉堡和其他德国北部城市建立自由贸易联盟——汉萨同盟。同盟解体后，汉堡成为德国北部重要的贸易港口和商业城市。1819 年以"自由和汉萨的城市汉堡"加入德意志联邦，1842 年的大火灾和"二战"的战火使城里的古建筑所剩不多。"二战"后，汉堡单独加入德国联邦，成为一个城市州。

    汉堡是一个绿色的城市，市内点缀着众多的公园绿地和大片草坪，到处绿草如茵，环境十分优美。

汉堡市政厅是汉堡市标志性建筑，原市政厅于 1842 年毁于大火，后于 1886 年至 1897 年间参考 19 世纪原市政厅的新文艺复兴时期风格重建，整座建筑以砂岩为建筑材料

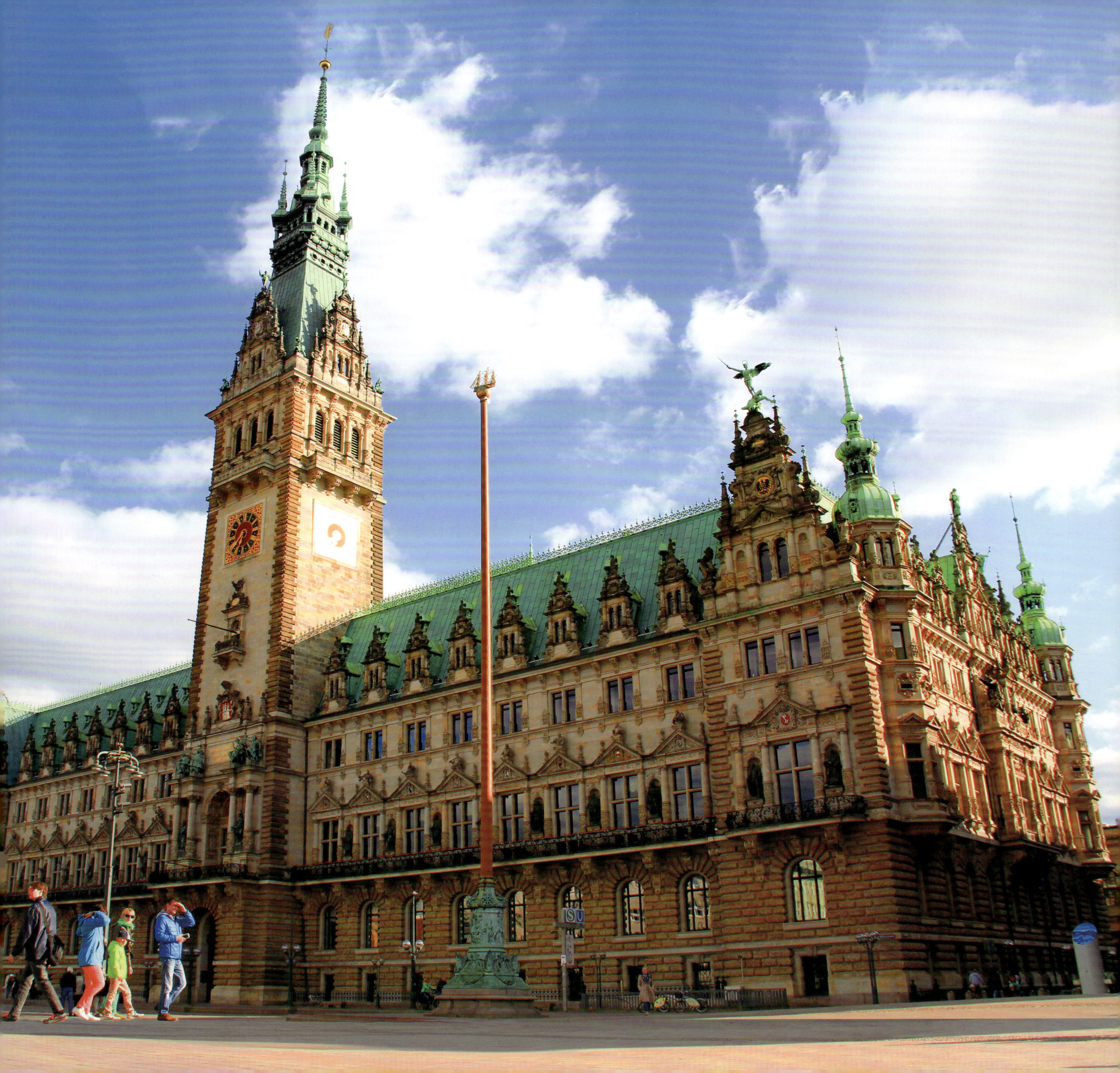

德国

市政厅的建筑装饰

市政厅建筑装饰细部

市政厅广场上纪念"一战"受害者纪念碑的基座

市政厅旁阿尔斯特湖中的白天鹅

阿尔斯特河边的沿河拱廊

阿尔斯特湖与市政厅广场相接，湖岸台阶的处理非常精致且具人性化，休憩的游人备感舒适方便

德国

花卉植物园（下同）中的月季园一角

月季园全貌

月季园的拱形花架

212 页—215 页为汉堡花卉植物园，此照为花园内的坡地和园路

汉堡

盛开的月季花

日本庭园局部

月季园拱形花架的侧面

花园内水生植物区的景观，岸线自然而富有变化

汉堡

宿根花卉专类园和点缀物——日本石灯笼

水生花卉沿河种植，立面层次丰富，岸线千变万化

水池上的莲叶汀步

德国

汉堡城市公园。城市公园是汉堡的一处大型公共绿地，园内有大草坪、温泉、游乐场、植物园等，适合各年龄段游人的活动。这是公园入口

城市公园宽阔的湖面

城市公园长条形的特大草坪

公园内允许以自行车代步

城市公园内的色叶植物

城市公园里的中国亭

汉堡

湖边的亭桥与行船的河道

花卉植物园中的湖上音乐喷泉

汉堡阿尔斯特湖位于城市中心，为汉堡两大人工湖之一，注入易北河，面积0.2平方千米，深约2米。在湖的中央建有大型喷泉，是举行节日庆典活动的地方，一年一度的阿尔斯特音乐节于每年9月第一个周末举行。正是有了这一个中心湖泊，才把汉堡点缀得如此美丽而富有生机

汉堡花卉植物园。花卉植物园的德语是 Planten un Blomen，意思为植物和鲜花。它是汉堡人最喜欢的休闲场所。这里原为17世纪防御工事的一部分，1819年至1820年，防御工事被毁，后变成公园。1935年，以德国北部园艺"植物与花卉"展览为契机，园林师卡尔·普鲁明对该公园进行了彻底改造，"植物与花卉"作为公园的名称一直沿用到现在。1953年、1963年、1973年，这里曾举办过国际园艺博览会。1990年，在植物园内建了一座日本庭园。之后，又按日本人 Arak 的计划对其进行扩建，同时增加了新展区玫瑰园。园内现有儿童游戏区、音乐喷泉、宿根花卉园等，在名叫"大小城墙"的园区，设有阶梯级跌水和水生花卉园。花卉植物园是汉堡理想的公众开放场所。图为在园内的人工湖畔可见汉堡电视塔

不来梅
Bremen

世界遗产

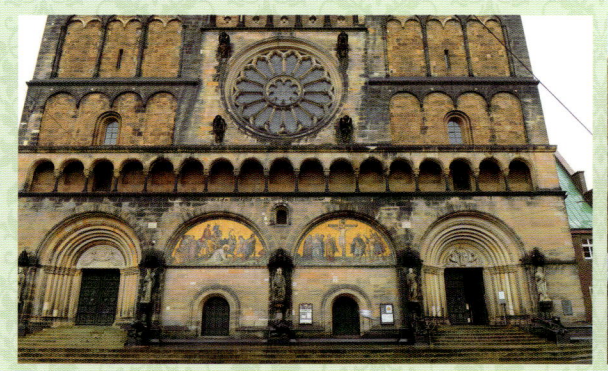

不来梅位于德国北部，靠近北海的黑尔戈兰海，连同它的深水港组成了一个独立的州。不来梅具有悠久的历史，早在公元8世纪即已建城。1260年，加入汉萨同盟，中世纪后与汉堡、吕贝克等几个重要的汉萨城市控制着北海和波罗的海沿岸的商业通道。1646年，不来梅成为自由帝国城市，不属于任何郡主，由王国直辖，因此，不来梅全称为"自由汉萨城市不来梅"。1811年，拿破仑军队占领了不来梅，并将其作为"威悉海口省"的省会并入法国版图。1814年，法国军队战败，从不来梅撤退。18世纪的德国海外贸易相当大的部分是通过不来梅完成的。1853年起，不来梅对老城区周边的沼泽地进行大规模筑坝排水。在此之后，被称为"不来梅式房屋"的典型联排别墅开始建设。

1867年，不来梅成为北德意志联邦的成员国。1871年，加入德意志帝国。1888年，加入德国关税联盟。

"二战"期间，不来梅等地的各种设施均受到严重的破坏。战争结束后，不来梅划入美占区。1949年，成为联邦德国的一个联邦州。

战后，不来梅进行了大量的修缮和重建工作，一些老建筑得以保留。市政厅和大教堂都坐落在不来梅中世纪风貌的老城区市集广场上。

市政厅建于1405年至1410年，原为哥特式结构，17世纪早期被翻修，后成威悉河文艺复兴时期风格建筑最杰出的代表。在20世纪早期，在原旧的市政厅旁，修建了一座新的市政厅。"二战"中这两组建筑幸免于难。

罗兰骑士雕像是为纪念一位中世纪传奇人物——法国人罗兰而建，他是公元8世纪时查理大帝麾下十二圣骑士的首席骑士，为短暂而辉煌的查理帝国立下了不朽功勋，同时也是查理大帝的侄子，史上第一位被称作"圣骑士"的人。英勇骁战，为人正直，在他身上折射出欧洲的骑士精神。

市政厅和罗兰骑士雕像象征着伴随欧洲神圣罗马帝国发展起来的公民自治权利和贸易自由权利。2004年，不来梅的市政厅和罗兰骑士雕像被联合国教科文组织列入世界遗产名录。

不来梅

左侧为市政厅（1405年~1410年），是文艺复兴时期风格建筑的典型代表。右侧为不来梅大教堂，建于11世纪，为哥特式建筑风格。两座塔楼建于19世纪

德国

城市老街的建筑及过街楼

雨后初晴的市集广场

在市集广场的市政厅前，有一座高 10 米的罗兰石雕像（1404 年建），雕像人物为查理大帝的侄子，他代表着不来梅的独立

不来梅

壮丽恢宏的不来梅市政厅和直指天宇的大教堂双塔及广场上的罗兰石雕像为不来梅市容添色增辉

市政厅正面

市政厅侧面

德国

阳光下的州议会大厦

不来梅郊外的湖畔宾馆

不来梅杜鹃园
Rhododendron Garden of Bremen

不来梅杜鹃园位于市郊，占地52万平方米，由植物园和杜鹃花园组成。其中，杜鹃园建于1936年，在占地16万平方米的杜鹃园中拥有七百多个杜鹃品种，是世界上规模最大的杜鹃专类园之一。园中的杜鹃岩石园布局新颖，以蓝色系列为主，显得圣洁高雅。不同花期的常绿杜鹃从5月初开到5月底，构成了美艳无比的花的盛宴。

德国

杜鹃园中的岩石园,色彩绚丽。此园与英国的杜鹃园在风格上有明显区别,喜欢用石组景,粗犷厚重中更显自然

不来梅杜鹃园

杜鹃花丛

把醒目的地方风格小亭列作构图中心

草丛透迤，显现深远的透景线

草径、杜鹃花、高大乔木构成的景观，富有画意

水边的树丛配置，突出了湖边柳树的形态

隔水眺望园内的岩石园

德国

杜鹃花境

观赏草组成的花境

岩石园局部，叠石具有中国式韵味

池边的植物配置，层次丰富，错落跌宕

不来梅杜鹃园

高山杜鹃小景

丛林中耐荫的杜鹃花

游步道两侧生长良好的杜鹃花

岩石园局部。道路、山石、杜鹃花、大乔木构成了多层次的群落空间，处理手法极为自然

德国

岩石园中，杜鹃花与宿根花卉合理搭配

不来梅杜鹃园

岩石园局部，小桥流水，蓝色杜鹃花与大乔木各得其所，空间层次自然有序，景色雅致而富情趣

岩石园中部高低错落，收放自如，粗犷中见细腻，叠石手法极富艺术感，是岩石园中的精致之作

不来梅杜鹃园

管理精细的林间草路

乔木、灌木的完美穿插与组合

山石配置自然,与杜鹃花、宿根花卉相得益彰

德国

对角线种植的杜鹃花忽进忽退，特别入画

高大的树丛令人心旷神怡

以落叶乔木和常绿灌木为背景的多层次多色阶的美丽岩石园

观花与观叶植物的巧妙搭配

岩石园中次第开放的杜鹃花

岩石园坡道上俯仰种植、顾盼呼应的杜鹃花

温室内的杜鹃花境及卵石石板路

捷克

捷克位于欧洲中部内陆地区，其国土分为西部的波希米亚地区和东部得摩拉维亚地区两部分。面积 78866 平方千米，人口 1053 万（2010 年）。边境多山，中部以河谷、盆地为主。多数地区属温带阔叶林气候，森林和水力资源丰富。工业发达，特别是玻璃制造历史悠久，工艺精湛，在世界上享有盛誉。旅游业发展很快，有许多著名的景点。

捷克的历史可以从公元 5 世纪斯拉夫民族来到这片土地说起。7 世纪建立萨摩王国，但没多久就灭亡了。830 年前后，这里曾被大摩拉维亚帝国统治。大摩拉维亚帝国的领域包括了德国、波希米亚、波兰等地。870 年左右，捷克成为一个独立的国家，斯拉夫语称其为"捷克"。受拜占庭帝国的影响，这个国家拥有非常先进的文明，直到 906 年被马扎尔人（匈牙利人）灭亡，成立第一个王朝——普热米斯王朝。950 年，奥托一世击败该王国，把该地区纳入神圣罗马帝国。973 年，罗马教廷在布拉格设立天主教，接着波希米亚成为神圣罗马帝国的一个领地。

14 世纪，卢森堡王朝打败普热米斯王朝最后一任国王，奠定了对波希米亚的统治权。1346 年，登基的查理四世在布拉格兴建了许多建筑并建立查理大学，将布拉格建成当时欧洲最大的城市。捷克人将这段历史称为"黄金时期"。

15 世纪，捷克由亚盖隆王朝统治。这时，胡斯派统领的军队常与天主教军队发生冲突，宗教对立的危机深深地影响了整个国家。1419 年，在罗马教皇的号召下，反胡斯派军队攻打布拉格，但铩羽而归。此后，胡斯派声势大振，以势如破竹之势攻入德国、波兰和奥地利，甚至抵达法国。最后胡斯派内部分裂成温和派和激进派，温和派于 1434 年与罗马教廷讲和。不过此战对中世纪代表最享权威的罗马教廷提出了挑战，埋下了未来宗教改革的种子。

16 世纪，亚盖隆王朝最后一位国王路德维希在匈牙利境内与奥斯曼帝国的军队作战中阵亡。捷克的波希米亚贵族推举奥地利裔的裴迪南一世当国王。这位国王是哈布斯堡家族的成员。1620 年，他发动"白山之役"，彻底击败波希米亚贵族的政治地位，哈布斯堡王朝进入全盛时期。捷克人失去了自己的政权，也被迫放弃了自己的母语。1618 年，哈布斯堡王朝和捷克贵族间的矛盾激化，双方开战，即"三十年战争"。在之后的三百年里，哈布斯堡王朝在捷克强行推行天主教与德语教育。进入 18 世纪后，捷克人开始复苏。在生活中，捷克语开始推广。一批知识分子受德国浪漫主义影响，开始承担起捷克民族复兴的重担。在尚未独立的捷克，不存在文化领域的领导阶层，而作家和记者就是政治的中心，这一传统持续至今。

19 世纪，受德国大革命影响，民族主义兴起。捷克人对奥地利并不忠心，许多人投向了同为斯拉夫人的俄罗斯。第一次世界大战后，奥匈帝国瓦解，捷克与斯洛伐克联合，于 1918 年 10 月 28 日成立捷克斯洛伐克共和国。1938 年 9 月，德、英、法、意四国代表在慕尼黑签署《慕尼黑协定》，将捷克斯洛伐克的苏台德地区割让给德国。1939 年 3 月，捷克被纳粹德国占领。1945 年 9 月 5 日，捷克在苏军帮助下获得解放。1968 年 8 月，苏联出兵捷克，镇压了"布拉格之春"改革运动。

1989 年，捷克政权更迭。1990 年，改名为捷克和斯洛伐克联邦共和国。1993 年 1 月 1 日起，捷克和斯洛伐克分别成为独立的主权国家。

特殊的历史条件使捷克的城市在二次大战中受到的破坏较少，因此，像布拉格等城市的格局和建筑都保留了中世纪时期的风貌和大量的古老建筑，展现出历史的魔幻魅力。捷克的园林风格并不突出，古典园林受法国古典主义的影响。20 世纪以后，展现出现代西方常见的园林风格。

布拉格查理大桥和伏尔塔瓦河彼岸的建筑

布拉格
Prague

世界遗产

大约在公元前 500 年，凯尔特人的波伊部落居住在这一地区，他们将这个地区称为"波希米亚"。后来，日耳曼人赶走凯尔特人，移居到这一地区。在公元 5 世纪时，日耳曼人部落多数移居到多瑙河流域，斯拉夫人在此定居，他们在伏尔塔瓦河建立村落。这就是最早的布拉格。

当时的伏尔塔瓦河常常泛滥，地势高的左岸（现城堡区）比右岸发展快，到 7 世纪，山丘上已建起了城镇。9 世纪末，在普热米奇家族的努力下，布拉格势力扩张，成为中欧一座重要的城市，国家也正式建立。973 年，罗马教廷在布拉格设立大主教。接着，波希米亚成为神圣罗马帝国的一个领地。这时，布拉格的建筑开始系统地发展起来，并随着当时欧洲的艺术潮流不断丰富。

现在，你在布拉格就可以欣赏到从 10 世纪至 20 世纪长达千年的欧洲建筑风格，从仿罗马式、哥特式、文艺复兴式、巴洛克式、洛可可式、新古典主义和新艺术风格，各种建筑艺术交汇在这里，所以布拉格可称为欧洲建筑博物馆，高高耸起的哥特式塔尖，让布拉格有"千塔之城"的美誉。

布拉格

瓦茨拉夫广场。约 1348 年，查理四世为了减轻布拉格旧城的压力，在旧城墙外修筑了新城，其中的瓦茨拉夫广场成了当时的商业中心。这个广场类似巴黎的香榭丽舍大道，在广场（道路）的中央部分，断断续续地配置了一块块适合休憩的绿地和通道，是世界上最特别最漂亮的城市广场大道之一

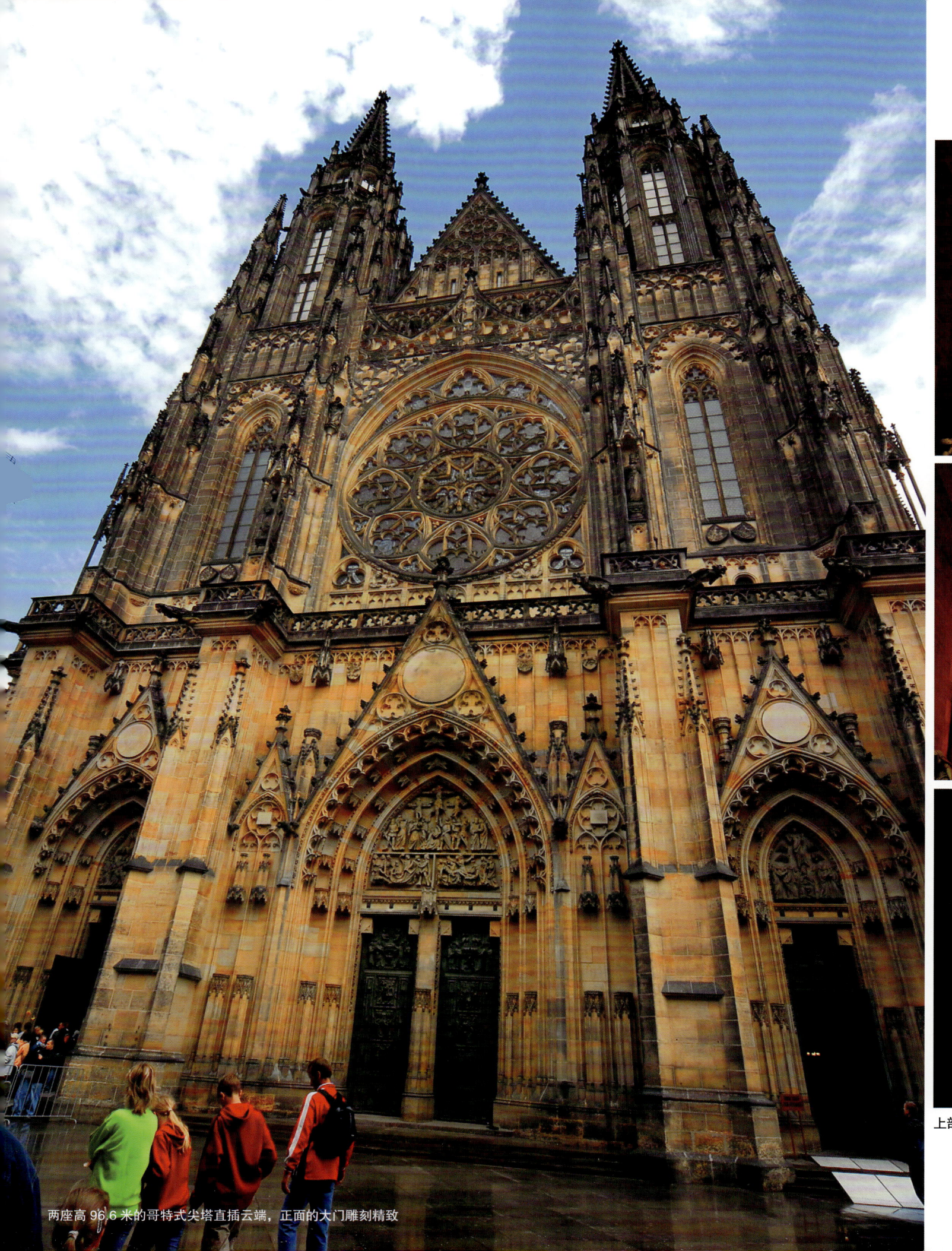

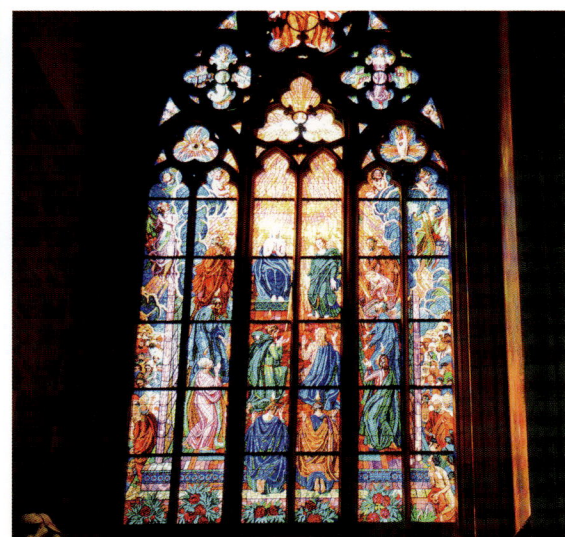

上部三图为教堂内的玻璃刻花窗,极为精美,无比神圣

两座高96.6米的哥特式尖塔直插云端,正面的大门雕刻精致

布拉格

圣维塔大教堂，位于布拉格城堡的第三院落内，气势恢宏。尖塔高96.6米，塔宽124米。大教堂初建于930年，为圆筒形罗马式建筑。1344年，开始大规模修建，其间遇到胡斯战争而中断，两侧的建筑到19世纪至20世纪才又陆续动工。该建筑直到1929年才最终完工，前后经历了七百年时间

捷克

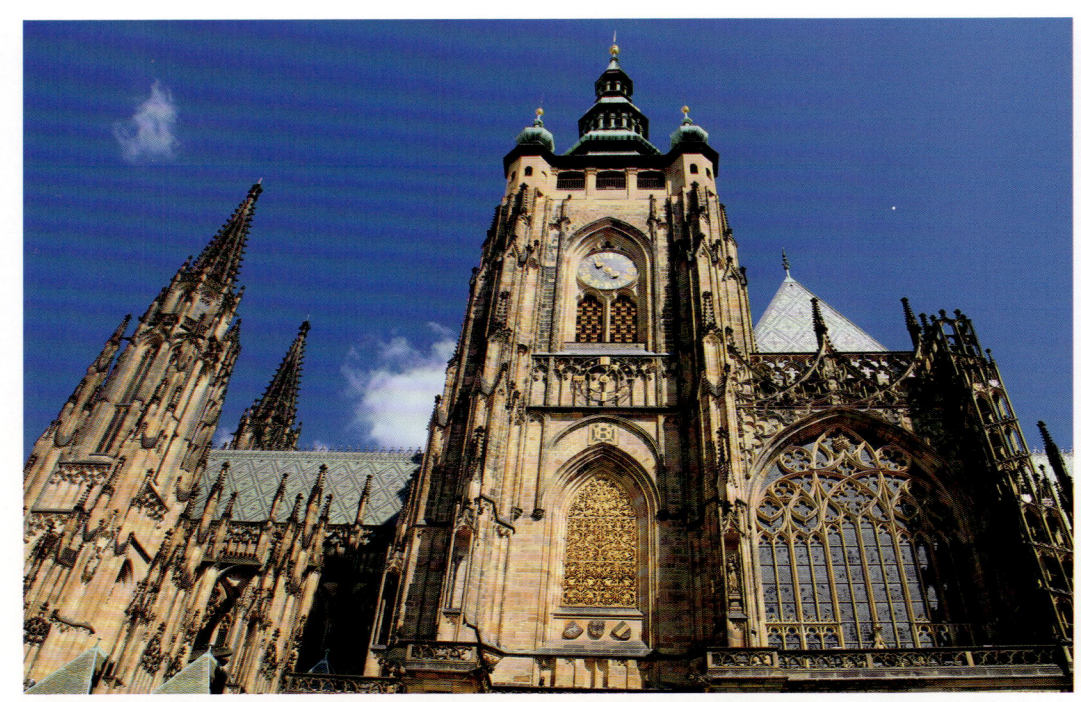

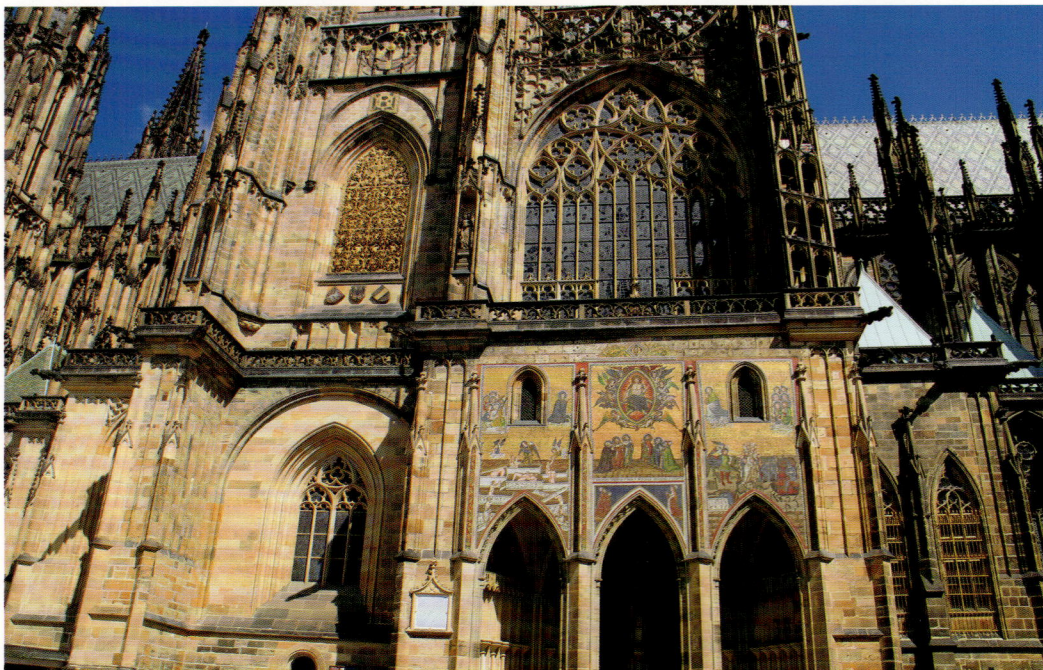

圣维塔大教堂各立面的局部和细部

圣维塔大教堂内景

捷克

瓦茨拉夫广场道路上的花园（一）

瓦茨拉夫广场道路上的花园（二）

圣瓦茨拉夫雕像，是1912年为纪念波希米亚第一位国王圣瓦茨拉夫而建。传说当波希米亚面临国破家亡时，他只身前往中部山区一个隐蔽的洞窟中，将沉睡多年的骑士大军唤醒，最后战胜了敌人，登上波希米亚王位

瓦茨拉夫广场中部

捷克

布拉格伏尔塔瓦河的东岸风光

横跨伏尔塔瓦河的古老的查理大桥

布拉格

从城堡中的查理花园眺望布拉格市区

圣维塔大教堂广场

布拉格城市一角

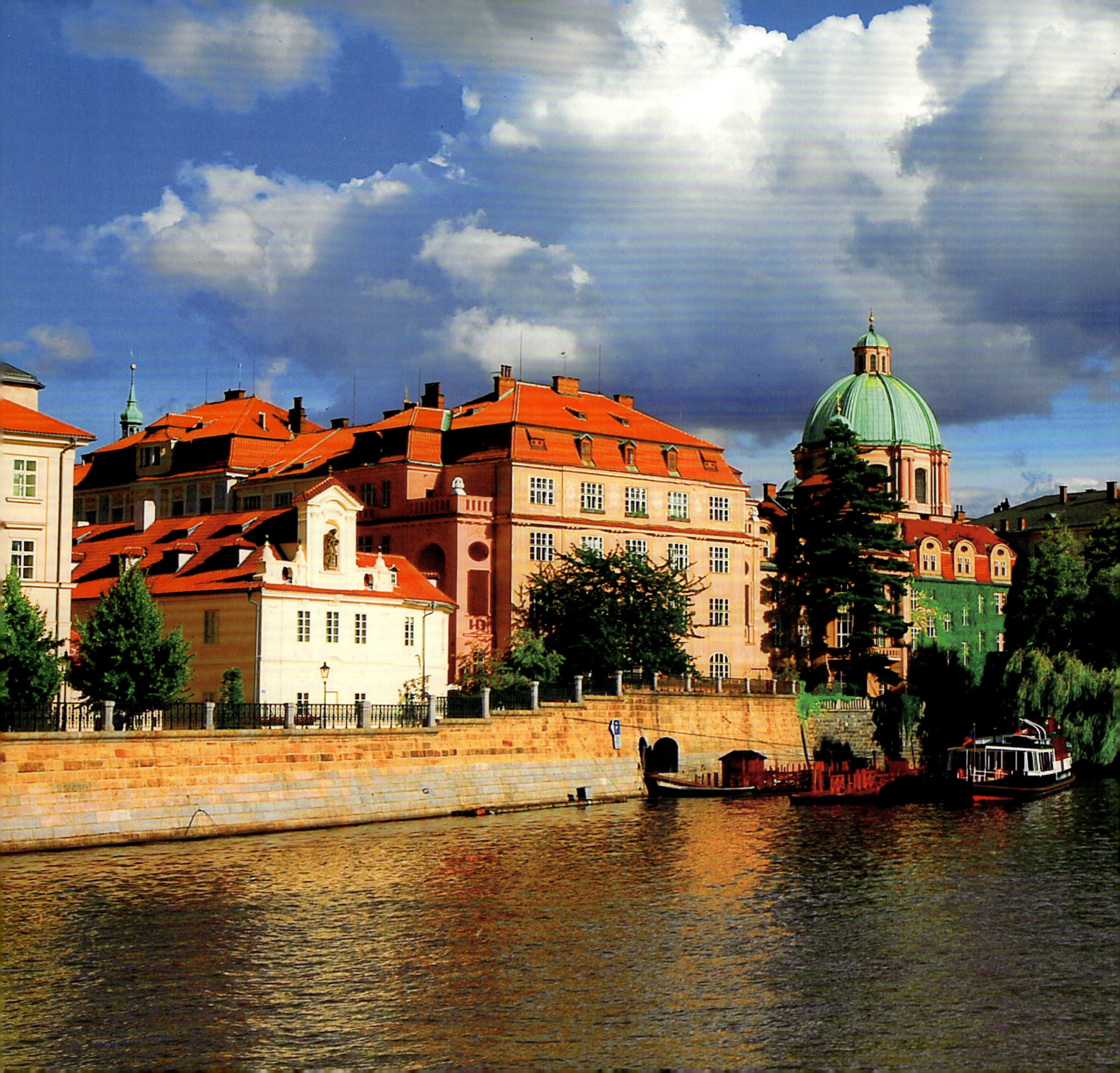

查理大桥，横跨伏尔塔瓦河的查理大桥，是布拉格城市的标志。该桥于 1357 年 7 月 9 日奠基，历经六十年终于完工了，设计者是二十七岁的天才建筑师佩拉罗·帕尔雷日，大桥全长 520 米，宽 10 米，是中欧地区最长的桥。大桥的原址是一座仿罗马式的桥，称朱迪斯桥，现在桥西靠近小区的桥塔是原桥的遗迹。由于被洪水毁坏严重，于是查理四世 1357 年下令重建，新桥比朱迪斯桥高出 4-5 米，并有十六个巨大的砂岩桥墩固定桥身，使查理大桥六个多世纪以来经受了各种洪水的考验。查理大桥的两端建有高耸的桥塔，大桥两侧还塑立了三十座高大的圣像，这些雕像是在 17 世纪至 19 世纪添加的，使水平的桥面增加了竖向的立体感。多少年来，查理大桥和布拉格一起经历了许多历史事件，包括 1393 年瓦茨拉夫四世把当时布拉格的总主教圣约翰·内波穆克丢到桥下。1621 年"白山战役"后十位新教徒的人头被挂在桥上示众。1648 年，瑞典利用查理大桥进攻布拉格并摧毁西侧的旧桥塔。1723 年，桥上装上油灯，一百多年后换上煤气灯。站在大桥和登上两端的桥塔，可以欣赏伏尔塔瓦河的旖旎风光

捷克

布拉格城

查理大桥

查理大桥全景

查理大桥西岸老城

布拉格城堡

旧市政厅塔楼

布拉格

查理大桥上的雕塑

教堂内的黄金饰品

斯美塔那博物馆，坐落于伏尔塔瓦河岸，由早期的自来水厂改造而成。在这里可以尽情欣赏伏尔塔瓦河、查理大桥、布拉格城堡与旧城区，博物馆建筑属于新文艺复兴时期风格，加上19世纪两位著名画家阿荣什、热尼谢克的艺术设计，让这里充满了艺术氛围。斯美塔那是捷克最著名的音乐家之一。他的音乐对捷克的民族复兴运动具有深远的影响，被视为捷克人的骄傲，其最著名的作品是交响乐曲《我的祖国》。斯美塔纳生前十分喜爱这个地方，并在此创作了很多精彩的作品。

捷克

圣尼古拉教堂，建于18世纪初，位于旧城广场西南侧。由著名建筑师丁霍费尔设计，是波希米亚巴洛克建筑的代表作。"布拉格之春"国际音乐节及秋季音乐节时常在此举办

火药塔，原是11世纪兴建旧城时所建的十三个城池之一，这是一座哥特式建筑。1483年，国王将王宫迁到城堡后，工程停顿下来，简单盖上临时屋顶即告结束。17世纪初，这里因存放军火而有火药塔之名。1875年至1886年，重新修复，现拱门上的石雕及金属雕像都是重修时加上的。登上塔内186级台阶，可以饱览布拉格风光

布拉格

从伏尔塔瓦河上远眺城堡

查理大桥一侧的二战纪念雕塑

查理大桥桥西塔楼下的城门

从城堡俯视布拉格城市一角

捷克

查理大桥西边的塔楼

查理大桥东侧的塔楼

圣乔治教堂，位于大教堂和旧王宫之间，建于920年，是城堡内最古老的教堂，也是布拉格建筑中第二古老的教堂。塔初建时按古罗马会堂的形式完成中央的主体建筑，1142年后建了南、北二塔，中间和后部被垫高，形成了今天的造型。教堂内音响效果非常好，"布拉格之春"音乐节时，常在这里举办音乐会

布拉格城堡，位于伏尔塔瓦河西岸的赫拉恰尼小山丘上，在那里可以看到整个布拉格的城市景象。这里也是历代国王居住的城堡所在地，它是布拉格的象征，初建于9世纪中期，历经变迁，至14世纪的查理四世时，才形成了如今完整的雄伟形象，在城墙内分别建有旧王宫、宫殿、教堂、修道院等。

提恩教堂，是旧城广场上最古老的建筑。初建于1135年，1365年重建，以哥特式的双塔屹立于广场上，高度为80米，教堂原名为"提恩"（国税局）前的圣母玛利亚教堂，15世纪至17世纪初，提恩教堂在布拉格宗教改革中起了重要作用，是胡斯派的主要活动场所。

捷克

天文钟

旧市政厅，建于 1310 年，是布拉格地标性建筑，高 69.5 米。其最吸引人的是墙上的大型天文钟，天文钟的下半部分是特殊的月历钟，最外层以波希米亚人一年四季工作生活图案表示十二个月份。第二层以图案表示十二个星座，最里面则是布拉格旧城徽记。另外特别之处在于它还可以准确模拟出地球、太阳和月亮运行的轨道。天文钟的上半部分是时钟，蓝色为白昼，红色为夜晚。除了复杂的构架外，天文钟还包括耶稣十二门徒在内的活动木偶。每到整点，钟上的窗户开启，一旁的死神开始鸣钟，耶稣的门徒在圣保罗的带领下一一移动现身，最后以鸡啼和钟响结束。这座天文钟是由天文学家汉努斯设计的，传说布拉格的市议员害怕他为其他城市制作类似的钟，竟把他的眼睛弄瞎

布拉格

市政厅广场上的仿古马车及胡斯铜像，是纪念15世纪宗教改革家胡斯（Jan Hus）于1915年而建的。胡斯出身于波希米亚贫困农家，凭着丰富的学识和过人的口才担任查理大学校长。因不满天主教的贪污腐败，胡斯举办各种演讲，吸引了许多追随者，这些人后来成为胡斯派。胡斯派的改革呼吁得到了许多贵族和农民的支持，但被罗马天主教所不容。1415年，胡斯以异教徒的罪名火焚而死，从此被捷克人民尊崇为改革英烈。胡斯死后，捷克农民爆发了反对国王和教皇的战争，史称"胡斯战争"

经过旧市政厅、天文钟即进入市政厅广场，背景双塔为提恩教堂

克鲁姆洛夫
Krumlov

世界遗产

　　克鲁姆洛夫被誉为欧洲最美丽的小城之一，位于布拉格西南约180千米处。克鲁姆洛夫意为"高低不平的草地"，指水畔有曲折草地的地方。在公元前1500年的青铜器时代，这里就有人居住。约公元前500年到前150年，还有城堡的存在。1250年，南波希米亚的贵族维特科夫家族在今天城堡和塔楼的位置建造了城堡，1302年，转让给罗施姆别克家族。这个家族统治小城三百年（1302年至1602年），这个显赫家族的最后一代是威廉姆和波德·沃克兄弟俩，其中波德·沃克是捷克历史上最著名的人物之一。克鲁姆洛夫在他们的治理下成为具有文艺复兴时期艺术氛围的精致小城。1622年至1719年，爱根堡家族三代被皇家授予统治权，其中克鲁姆洛夫是一位知识渊博、阅历丰富的绅士，把这个贵族领地的巴洛克艺术提高到新水平。

　　1719年出生于德国的施瓦森伯格公爵及其家族开始统治小城二百年，直到1947年收归国有，其间进行了广泛的洛可可式的维修和改造，整体建筑和城堡花园的面貌一直保留到今天。第二次世界大战后，德国居民被驱逐出境。

　　这个不到一万五千万人口的小城于1992年被联合国教科文组织列入世界文化和自然遗产名录。

　　克鲁姆洛夫城堡，是波希米亚地区仅次于布拉格城堡的一座城堡，是捷克最珍贵的历史文物之一。始建于11世纪，后来不断地增建修理，很好地糅合了历史上各个时期的哥特式、文艺复兴时期风格、巴洛克式的建筑，成为一个整体。同时，它的各个细节如壁画、五彩拉毛粉刷的外墙、雕塑装饰、室内的华丽装修等都十分有特色而显珍贵。

　　左上图为城堡花园，在城堡西侧，是一座巴洛克式花园，对称布局，呈长方形，长和宽分别是750米和150米。面积11万平方米，分成四个部分，最低部分称施杰普尼采，18世纪初最早为公爵家的私人花园，也叫皇家花园。1969年至1978年，恢复了它原有的洛可可式风貌，分割下方花园和上方花园的是"瀑布喷泉"，有"捷克第一美泉"之称，四面交叉喷水的瀑布喷泉上装饰着三个水神和水泽女神像、鱼和青蛙，栏杆上装饰着二十个雕刻花瓶，雕塑的材料是用贝壳虫盐制造的。它是由建筑师阿托蒙特于1750年后根据维也纳设计建造的。1996年至1998年对雕塑喷泉做了修复，主要雕塑被复制品替代了，原作被收藏在城堡博物馆。

　　右上图为斯渥诺斯基广场，广场曾是城市的中心，城区是根据13世纪典型的城市规划方案建造的，正中是长方形广场，街道呈网状分布。广场上的喷泉和带有圣母玛利亚的瘟疫柱，建于1712年至1716年，是布拉格雕塑家雅兹克和地方工匠普兰斯克的合作作品，上面有防止瘟疫传染的圣徒和保护者的雕像，是1680年至1682年瘟疫侵袭城市结束以后为表达对神圣保护者的感激而建造的。

保持中世纪风貌的捷克克鲁姆洛夫小城

捷克

克鲁姆洛夫城堡

中世纪的街巷

伏尔塔瓦河支流

城堡花园内的瀑布喷泉

圣约施塔教堂，建于14世纪，由罗施姆别克家族的彼得一世建立。1790年，卖给克鲁姆洛夫的一个市民，购买的条件是必须保留教堂的塔楼，因为这是城市的一个标志。塔楼至今仍按照当年人们的心愿点缀着这个城市

圣维塔教堂，建于1407年，1437年建成，在1585年前被墓地包围，至今还留有几块墓碑。1593年至1597年，教堂里建造了罗施姆别克宏伟的墓穴。1893年至1894年，高耸的新哥特式塔楼代替了原来带有巴洛克式圆顶的教堂塔楼

克鲁姆洛夫

伏尔塔瓦河环绕着这座美丽的小城，这是河流两侧优雅的民居

城堡塔楼和右侧圣约施塔教堂塔楼相映生辉。左侧城堡塔楼最初是哥特式建筑，1580年至1590年又被建成文艺复兴时期风格，成为小城的象征。圆筒形的设计搭配红绿等鲜艳的色彩，给人印象深刻。登塔后美丽的小城一览无余

捷克

城堡北立面

城堡后院

克鲁姆洛夫城堡

伏尔塔瓦河绕城而过

克鲁姆洛夫

卡罗维发利
Karlovy Vary

　　位于捷克西部的特普拉河和奥赫热河侵蚀形成的谷地内,是捷克历史最悠久最著名的温泉之城,也是欧洲少有的几个温泉疗养地之一。14世纪中叶,神圣罗马帝国皇帝查理四世在打猎途中发现了这里丰富的温泉资源,因此用他的名字为此地命名。

　　1522年,一份医学报告公开了温泉疗效,越来越多的人开始对这里的温泉进行研究,也吸引了众多贵族,也不乏很多著名人物如贝多芬、莫扎特、肖邦、歌德、马克思、托尔斯泰等。18世纪末,医生大卫·贝海尔最早提出最好的方法不是入浴疗法而是饮用疗法。一边在优美的温泉回廊散步,一边品饮。

　　卡罗维发利处处可见温泉,估计有近百个,其中有十二个具有特别疗效,泉水中含有四十种以上各具特殊疗效的矿物质,各温泉水温也不尽相同。

卡罗维发利

城市街景

捷克

磨坊温泉回廊，由布拉格国家剧院的设计师约瑟夫·齐特克设计，回廊建于1871年至1881年。廊柱上有十二个古典雕像代表十二个月份回廊因附近有磨房而得名，廊内有五个温泉

特普拉河沿岸的建筑

卡罗维发利

市场温泉回廊。在这座白色的回廊内有市场温泉，是卡罗维发利少见的瑞士风格建筑，它具有清丽悠闲的面貌。还有查理四世温泉，据说是查理四世发现的第一个温泉，当年曾在此治疗自己的脚病

特普拉河沿岸的草地街街景

草地街的建筑，始建于17世纪末。后来著名诗人歌德曾在此住过"三个摩尔人之屋"，他在1806年至1820年间住过九次

捷克

城市街景

卡罗维发利

布杰约维采
Budejovice

布杰约维采，位于克鲁姆洛夫以北约 40 千米。13 世纪，为了扩大波希米亚王国的领土，普热米斯尔·奥塔卡尔二世与南波希米亚的维特科夫家族对抗，于 1256 年建造了这座属于国王的城市。

16 世纪这里以盐业、酿造业为主，由于近郊有银矿聚集地，后发展成为一个颇具规模的工商业城市。1618 年后的"三十年战争"、1641 年的大火，使城市遭受严重破坏。19 世纪，这里与奥地利的林茨之间建起了欧洲最早的铁路马车轨道，以交通要道的方式而得到复兴。另外，这里以酿造百威啤酒而闻名。

布杰约维采

普热米斯尔·奥塔卡尔二世广场位于老城的中心，为巴洛克式和文艺复兴时期风格的建筑所围合。广场呈正方形，长宽各为 133 米。广场中央是 1721 年至 1726 年建造的萨姆松喷泉。它是由波希米亚石匠霍恩和雕刻家迪特里赫根据一个神话设计制作而成。这座喷泉不仅是广场的装饰物，同时也汲引伏尔塔瓦河的河水，供全城居民使用。这里曾经是南波希米亚的集市

布尔诺（图根德哈特别墅）
Brno (Tugendhat Villain Brno)

世界遗产

布尔诺，克尔特语"小丘之城"，1243 年建市，16 世纪后成为摩拉维亚的经济文化中心，现为捷克第二大城市，人口 38.5 万。市内有很多古教堂。1805 年，拿破仑曾在此击败法奥俄三皇指挥的军队，史称"三皇会战"。生物学家孟德尔著名的豌豆遗传实验是在这里进行的。

建于 1929 年的图根德哈特别墅，作为欧洲现代建筑的典范，2001 年被列入世界遗产名录。

离布尔诺不远的图根德哈特别墅，是由著名的德国建筑师路德维希·密斯·范·德·罗厄于 1929 年设计建造的。当时他应图根德哈特夫妇的要求，设计了这座别墅作为他们的新婚住所。

别墅分三层，乳白色的建筑墙面，充满着时尚的风格，使用了上等的建材。楼下主空间分为书房、客厅和餐厅，两侧墙面是大片的玻璃落地窗，从这里可以直接欣赏户外的庭院环境。这种结合住宅与花园的相互渗透的空间处理极具现代感，落地窗具有空调和暖气的作用，同时具备电动升降功能，这在当时的年代是一种创举。

图根德哈特夫妇自 1930 年入住后，只待了八年就因纳粹入侵而被迫逃离。所幸这栋建筑被完整保留下来。这座 20 世纪初的建筑成为现代建筑史上的重要一页。

布尔诺（图根德哈特别墅）

建于 1929 年的图根德哈特别墅，是欧洲现代建筑的典范，2001 年被列入世界遗产名录

布尔诺城市鸟瞰

布尔诺城堡

老城中世纪风格的街道

卢泊卡城堡
Hluboká Castle

早在 13 世纪，这座城堡被称为 Frauenberg，是一个名叫 Cec 的贵族的住所。此后几个世纪，这座城堡充满着传奇色彩，在王公贵族中相互转移交替，直到 17 世纪中期，卢泊卡家族在此站稳脚跟。在长达三个世纪的时间里，他的子孙不断地为城堡增加新的内容，现在看到的这座新的城堡建于 1838 年，它建于 83 米的高地上，有两个庭院。城堡按照英国温莎堡的风格精心规划设计，充满浪漫色彩，

卢泊卡城堡

仿英国温莎堡建造的卢泊卡城堡外观（1838年）

捷克

城堡外景

城堡内景

城堡花园的月季花园

城堡花园

泰尔奇历史中心
Historic Centre of Telc

世界遗产

泰尔奇位于捷克东南部波希米亚·摩拉维亚高原上。这里原来是以木结构建筑为主的城市。1339年前后，由弗拉德茨家族统治。14世纪遭受一场大火后，房屋改用石头作为重建材料；到了15世纪晚期，城市建筑风格以哥特式为主；1530年的大火让这个城镇再度重建，重建后的建筑融合了哥特式、文艺复兴时期风格、巴洛克式和洛可可式的风格，这些建筑至今仍然保留了下来，充满了梦幻的童话式风格。1992年，被联合国教科文组织列入世界遗产名录。

泰尔奇历史中心

街景

圣玛利亚石柱，是城市地标性建筑。雕像一开始为木制的，1717年重建时改为石雕。柱顶上塑有巴洛克风格的圣母雕像，下端有十六座圣徒雕像，在石柱底层洞穴内有玛利亚雕像。石柱的四周是喷泉

泰尔奇城堡外景

扎哈里亚什广场，东、西、北三面是建筑，每幢房子都有漂亮的山形墙，色彩丰富。这些建筑大多为住宅、旅馆、商店、餐厅、咖啡厅。整个外观呈现出中世纪风格

匈牙利

匈牙利位于欧洲大陆中央内陆，面积93031平方千米，人口1010万。境内地形以平原丘陵为主，东西部为阿尔卑斯山余脉，东北部为喀尔巴阡山。多瑙河从斯洛伐克南部流入，境内的最大湖泊巴拉顿湖是中欧最大的淡水湖。匈牙利的气候属温带大陆性气候和海洋性气候、地中海气候的交汇点。植被类型是温带落叶阔叶林。匈牙利山河秀丽，经济发达，文化昌盛，旅游资源较丰富。

公元1世纪，罗马帝国征服匈牙利南部地区。罗马帝国灭亡后，多民族陆续迁徙到此地。匈牙利人起源于东方游牧民族——马扎尔游牧部落。公元9世纪时，他们从多拉山西麓和伏尔加河流域向西迁徙。896年，他们征服了现在的喀尔巴阡盆地。此后，开始向今天的瑞士、北部意大利和巴尔干半岛远征。955年，在阿乌古斯堡附近被德国军队击败。由此，马扎尔人开始向和平路线转换，开始了格扎公爵统治的时代。

格扎公爵的儿子伊什特万，在同马扎尔人内部的异教徒部落的战争中获胜，开始推行天主教为国教。1000年，伊什特万一世当上国王。此后，匈牙利成为西欧世界东端信奉天主教的国家。

15世纪下半叶，在马提亚国王的集权统治下，匈牙利国土不断扩大，随着文艺复兴文化的输入，这里成为欧洲文化艺术的一个中心。这一时期保留下来的遗存主要有维谢格立德的王宫遗迹，布达王宫、马提亚教堂的一部分等。

但是，这种繁荣没有持续多久，随着内乱纷争，王国实力趋于衰退。

1526年，奥斯曼帝国入侵，国王战死，1541年占领布达地区。此后，在一百五十年间被分裂为三个部分：一部分是多瑙河以东的哈布斯堡·匈牙利王国，另一部分是统治特兰西瓦尼亚（今罗马尼亚居地）的奥斯曼帝国的保护属地东匈牙利王国，还有一部分是奥斯曼帝国直辖地区，包括布达在内的归属匈牙利王国的中央部分。1686年，哈布斯堡的国际军从奥斯曼帝国手中夺回布达地区；次年，将特兰西瓦尼亚地区也收入手中。

在哈布斯堡统治的二百年间，从专制主义逐步向启蒙主义变化，对居民进行母语教育，促进了民族主义的觉醒，寻求国家独立的运动迅速发展。1848年3月15日，以诗人裴多菲为首的佩斯的年轻人发表演说，提出言论自由及废除审查制度等十二项要求，后来激进派科什特获得临时权，但随即遭到镇压，独立战争失败。裴多菲在战争中战死。以后，随着哈布斯堡王朝国力的衰弱，1867年双方缔结和约，在奥地利的匈牙利君主国名义下，匈牙利暂时成为一个独立国家。

1873年，佩斯、布达、旧布达三座城市联合形成布达佩斯市，成为匈牙利首都，为迎接1896年建国一千周年，城市开始大规模建设，国家歌剧院、圣伊什特万大教堂、国会大厦等如今保留的主要建筑都在那时完成。

第一次世界大战后，奥匈帝国瓦解。匈牙利成为战败国，匈牙利国土的71%（包括克罗地亚）以及350万马扎尔人被划出。第二次世界大战中，匈牙利又站在了德、意、日三国同盟方，在战争末期的苏、德大战中，布达佩斯变成一片废墟。

1949年选举后，成立了匈牙利人民共和国，成为社会主义国家。1989年，改称匈牙利共和国，实行总统制，确立多宪制。1999年3月，匈牙利与波兰、捷克一起加盟北大西洋公约组织。2004年5月正式加入欧盟。

匈牙利是个美丽的国家，山河秀美，文化史迹丰富，多瑙河流贯全境，风光绮丽。尽管遭到了战争的破坏，但布达佩斯仍然被列入世界文化遗产名录。

匈牙利国会大厦

布达佩斯
Budapest

世界遗产

　　布达佩斯横跨多瑙河两岸，左岸（西岸）是古老又传统的布达城，右岸（东岸）是充满巴洛克与古典主义建筑风格的商业城市——佩斯。布达佩斯有种种美誉，有人称它是"多瑙河上的珍珠"，有人称其为"多瑙河上的玫瑰"，也更有人称它是"中欧的巴黎"。

　　最初，这里是三座独立的城市，一座是保留有罗马时代遗迹的旧布达，一座是建于13世纪的王宫布达城，一座是由商业中心发展起来的佩斯城。1849年，经过十年时间，横跨多瑙河建起了一座锁链桥，于是在1873年三座城池合称为布达佩斯。

　　合并之后的几十年，布达佩斯得到了飞速发展，城市人口从原来远不及维也纳，一跃成为比维也纳人口还多的城市。布达佩斯虽没有巴黎的豪华，维也纳的雍容华贵，但它在古朴中显露娇媚。人口200万，面积525平方千米，不仅是匈牙利，也是东欧最大的城市。另外，它还是一座温泉之城，冬天，袅袅升起的温泉薄雾，如白色的轻纱萦绕着这座美丽的城市。

　　1987年，布达佩斯被联合国教科文组织列入世界遗产名录。

圣伊什特万大教堂是布达佩斯最大的教堂，建于1851年至1906年，是为纪念匈牙利首位天主教国王伊什特万而建的。教堂先后历经三位建筑师之手，因此在风格上反映出新古典主义与新文艺复兴时期风格的融合。教堂高96米，直径22米的巨大穹顶很有特色，大厅可同时容纳八千人。游人可乘电梯登临65米高的瞭望台，饱览布达佩斯城的胜景

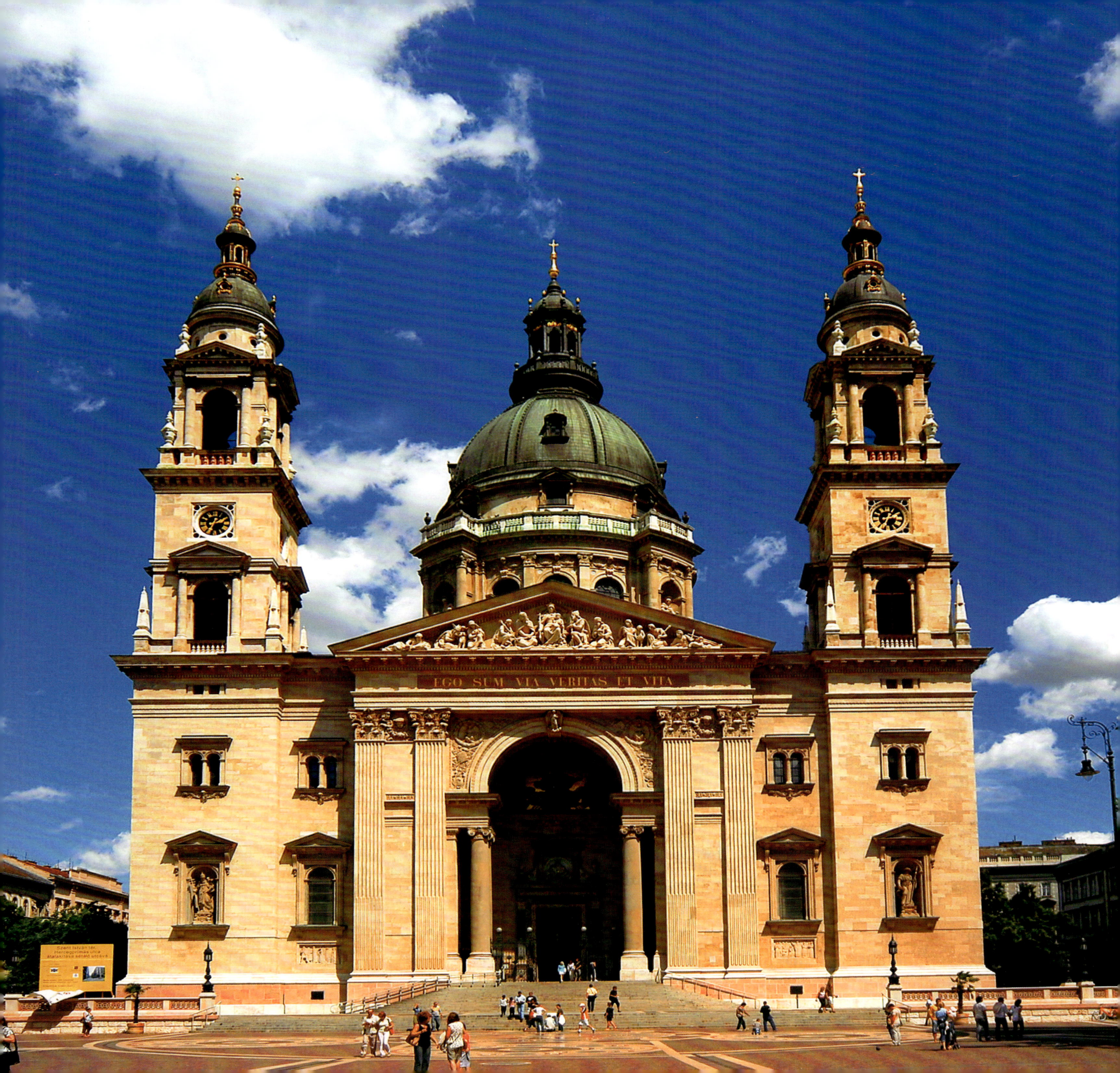
EGO SUM VIA VERITAS ET VITA

匈牙利

在多瑙河上看布达山城

在多瑙河上看布达王宫城堡

布达佩斯

国会大厦，是多瑙河畔最醒目的哥特式建筑，始建于 1885 年，1902 年落成。建筑宽 268 米，文艺复兴时期风格的圆形建筑高 96 米，与圣伊什特万大教堂同高。内部共有 691 个房间，户外有 18 个大小不同庭园。建筑设计者是施泰因多尔·伊姆雷。2001 年 1 月，原保存在国家博物馆的匈牙利第一任国王圣伊什特万的王冠转到国会大厦，从 1000 年至 1948 年最后一任国王卡洛伊四世退位为止，这顶王冠一直是王位传承的至宝。第二次世界大战后，王冠被带往国外，十年后它他出现在美国。1978 年，卡特总统决定让它返回故里

匈牙利

渔夫堡上的马提亚教堂、伊什特万国王雕像及城堡

渔夫堡入口处

瓦伊达夫尼亚城堡内的玛利亚斯教堂

伊丽莎白桥头的民族英雄盖莱尔特雕像

布达佩斯

瓦伊达夫尼亚城堡模仿了二十多座匈牙利各地的建筑式样建造而成。该图为城堡一景

市民公园，面积100万平方米。园内有塞切尼温泉、游乐场、动物园、国家大马戏团等设施。入口右侧的水池边是瓦伊达夫尼亚城堡

在圣伊什特万教堂顶部俯瞰佩斯市区

马提亚教堂旁边为圣三位一体广场，中间是巴洛克式的三位一体雕像。柱子上方分别有圣父耶稣和十字架雕像，一旁有匈牙利一位天主教君王伊什特万的骑马像。马提亚教堂是布达佩斯的象征之一，是为纪念中世纪消灭在欧洲凶猛蔓延的黑死病瘟疫于18世纪建造的。始建于1255年至1269年，是贝拉四世下令兴建的哥特式布达圣母教会堂。1470年，马提亚国王命令增建一座88米的尖塔，现塔高为80米，由于马提亚和王后碧丝在此举行婚礼，教堂因他而命名。以后，历代国王在此举行加冕仪式，所以又称"加冕教堂"，但实际名称叫"圣处女玛利亚教堂"。1541年，布达佩斯被奥斯曼帝国占领，教堂改为清真寺。1686年以后又恢复为罗马天主教堂，18世纪时又进行了多次增建。1874年至1896年，改建成如今看到的新哥特式建筑，其中彩色的马赛克瓷砖屋顶使整个教堂别具风采

渔夫堡上的具有童话造型的城堡建筑

匈牙利

国会大厦

布达佩斯锁链桥。多瑙河上有九座连接布达和佩斯的桥，其中最有名的是锁链桥，正式名为"塞切尼公爵链桥"。它建成于1849年，由英国工程师T·W·克拉克和雅当·克拉克设计。位于锁链桥南部的是一条白色的吊桥，称伊丽莎白桥，是以兼任匈牙利国王的奥地利皇帝弗兰茨·约瑟夫的妻子伊丽莎白命名的。第二次世界大战中，该桥遭受严重破坏，1964年得以恢复，但已失去了原有的优雅装饰

瓦伊达夫尼亚城堡入口

从多瑙河上看布达王宫城堡。位于城堡山上的布达王宫始建于13世纪，为匈牙利国王的居住地。特别是15世纪时，王宫的建筑艺术达到顶峰，之后历经奥斯曼帝国的侵略和黑死病的流行，王宫遭到了毁坏而荒废。在哈布斯堡王朝接管布达王宫后得以重建。但随着哈布斯堡王朝的没落而再度荒废。以后几度兴废。在第一次和第二次世界大战中，王宫再一次遭受严重毁坏，直到1950年得以重新恢复，但王宫的政治象征地位已不复存在，政府在此成立国立绘画馆、布达佩斯历史博物馆和美术馆

城堡入口处外景

布达佩斯

渔夫堡的上山入口处。渔夫堡位于马提亚教堂旁边，以前这里是一座城寨，附近曾经是渔市。1905年由什雷克建造。尖顶的五个小圆塔和主尖塔之间用回廊衔接，这座用石灰涂刷、造型别致的建筑，耸立在山岩上，具有浓郁的童话色彩，站在城堡回廊内，可以俯瞰多瑙河及佩斯城的美丽风光

从渔夫堡俯视多瑙河两岸，图中为玛吉特桥

匈牙利

英雄广场纪念碑下阿帕多王子及其部下族长的群雕

国会大厦对面的政府部门办公楼

渔人堡下的绿地

多瑙河上著名的锁链桥（塞切尼公爵链桥）建成于1849年，由英国工程师T.W 克拉克和雅当·克拉克设计

瓦伊达夫尼亚城堡外景

佩斯的城市街景

布达佩斯

布达王宫的进口处

布达王宫正面

从布达王宫城堡处俯瞰锁链桥及多瑙河

布达王宫内庭院

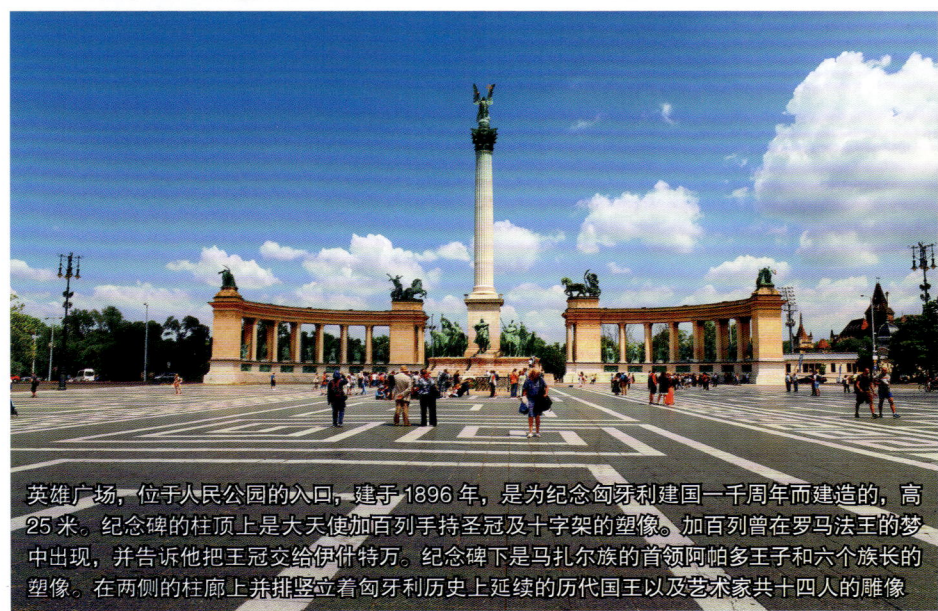

英雄广场，位于人民公园的入口，建于1896年，是为纪念匈牙利建国一千周年而建造的，高25米。纪念碑的柱顶上是大天使加百列手持圣冠及十字架的塑像。加百列曾在罗马法王的梦中出现，并告诉他把王冠交给伊什特万。纪念碑下是马扎尔族的首领阿帕多王子和六个族长的塑像。在两侧的柱廊上并排竖立着匈牙利历史上延续的历代国王以及艺术家共十四人的雕像

瓦伊达夫尼亚内的建筑

国会大厦

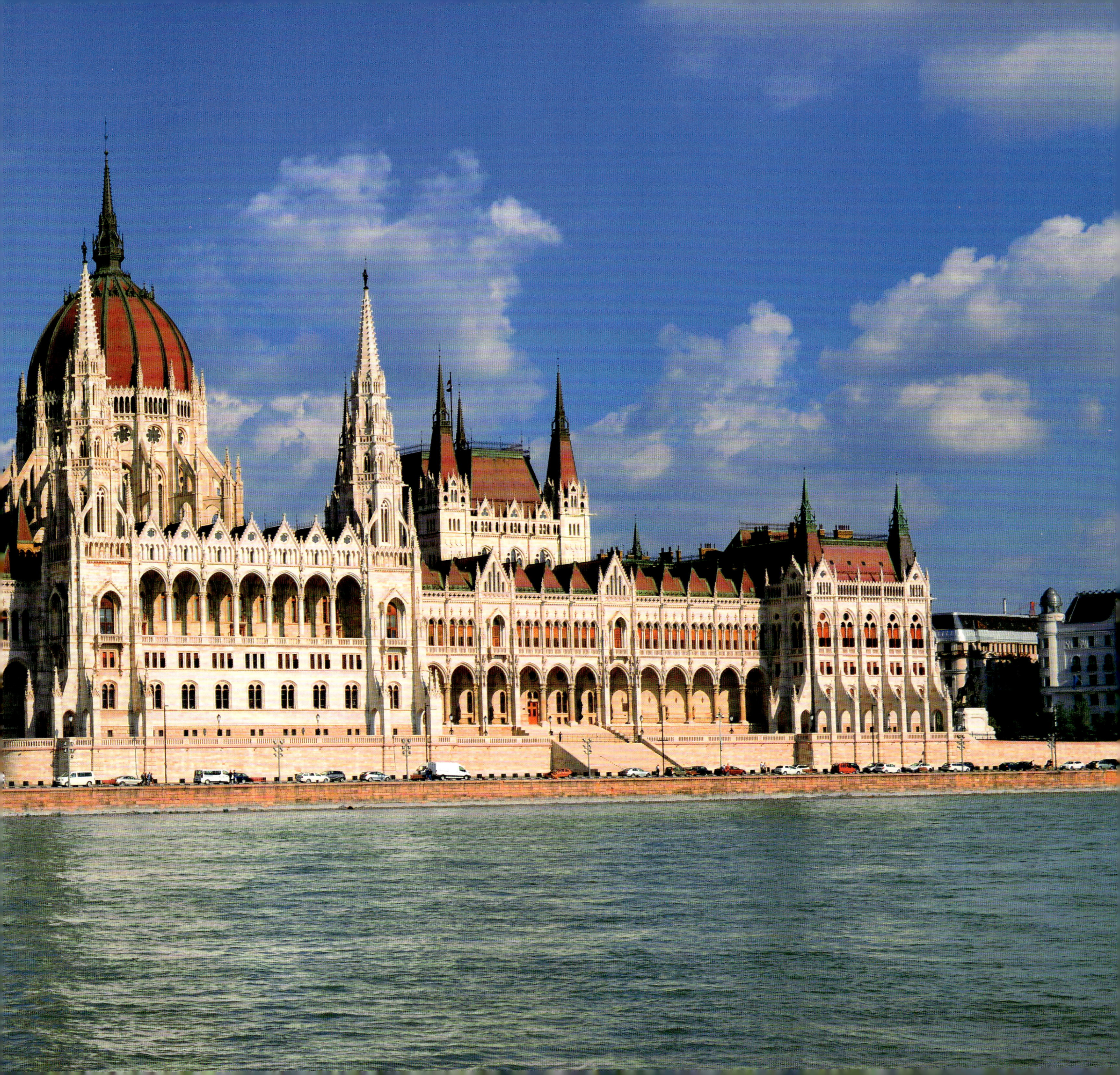

维谢格拉德城堡
Visegrád Castel

多瑙河在经斯洛伐克流经匈牙利的边境小镇维舍格拉德时,流向从西向东以九十度转弯变成由北向南,站在13世纪修筑的315米高的山顶城堡上可以清晰地看到多瑙河"膝盖弯"的全貌。

历史上维谢格拉德是军事重镇,高山峡谷,地势险要。早在330年,古罗马人就在此修建了城堡。1308年,卡洛伊成为匈牙利国王后,把维谢格拉德作为首都,随后历经二百多年,辉煌一时。到17世纪末,城堡没能抵挡住土耳其人长达一个世纪的攻击,遭到严重破坏,宫殿成断垣残壁,失去军事意义,变成一片废墟,后成为历史遗址。

古迹遗址

山顶上的古堡残迹

在古堡上可以俯瞰多瑙河在此处由西向东转为由北向南奔向布达佩斯的景象

埃斯泰尔戈姆大教堂
Esztergomi Bazilika

　　埃斯泰尔戈姆在匈牙利王朝和教会中起过重要作用。这里曾是匈牙利第一国王加冕之地，是匈牙利天主教的总部。10 世纪以来，第一代国王伊什特万一世积极推行天主教，在这里建造了匈牙利第一座教堂。在 1000 年的圣诞节，罗马教皇因此将王冠送给他，在这里举行加冕仪式，从此揭开了匈牙利王朝的序幕。

　　埃斯泰尔戈姆大教堂作为匈牙利基督教总部的大教堂，拥有高 100 米、直径 53.5 米的圆形屋顶，是新古典主义的作品。如今的建筑是奥斯曼帝国占领、破坏之后于 1822 年至 1869 年重建的。祭坛上部的绘画《圣母玛利亚升天》是意大利艺术家古雷格雷的作品，这是一幅在画布上绘作的画，堪称世界最大。

　　站在教堂所在的山丘上，能俯瞰多瑙河和埃斯泰尔戈姆城的美丽风景。

教堂内景

教堂正面

从教堂高地上可俯瞰多瑙河

巴拉顿湖
Lake Balaton

巴拉顿湖位于布达佩斯西南约90千米处，是中欧最大的湖泊，从西南到东北呈狭长形，长80千米，宽1.5~15千米，面积596平方千米。湖水平均深度3.3米，最深处达11米。匈牙利人称其为"匈牙利海"，湖床形成于一百万年前的更新世末期，最早这里原有一半南北向的五个小湖，经过风、雨、冰的侵蚀作用，逐渐连成一片。气候属大陆性，夏天温度24-28摄氏度，冬天湖面结冰，厚达20厘米。

巴拉顿湖有景色秀丽的湖滨，建有许多饭店、疗养院等设施，北岸群山耸立，树木苍翠；南岸宽阔平坦，形成欧洲最长的水浅沙细的湖滨，是良好的天然浴场。

湖的北岸有蒂哈尼半岛伸入湖中，半岛高出水面百米，景色幽静秀丽，从半岛顶端可眺望全湖秀色。

巴拉顿湖

巴拉顿湖的早晨

蒂哈尼半岛上的民宿

297

斯洛伐克（布拉迪斯拉发）
Slovakia（Bratislava）

　　斯洛伐克是位于欧洲中心地带的一个内陆国家，面积49035平方千米，人口542万（2009年）这里是联通黑海、波罗的海，联结俄罗斯与波希米亚南北、东西贸易路线的交叉点，自古以来作为交通、战略要冲发挥作用。国土大部分是山地，作为喀尔巴阡山脉一部分的塔特拉山丘地带，占据了北部的一半，仅在东南和西南有少量平原。山地的自然景色美丽，动植物种类丰富，多瑙河由奥地利流入斯洛伐克，然后流入匈牙利。为温带大陆性气候。

　　斯洛伐克的历史，最早可追溯到旧石器时代，当时就有人类活动。5世纪至6世纪，斯托夫人在此定居。623年，建立萨摩王国，但不久灭亡。9世纪初，在西斯洛伐克地区建立尼特拉公国，后被西斯拉夫系的摩拉维亚王国吞并，成立大摩拉维亚王国，中心就在斯洛伐克地区。

　　906年，王国被马扎尔人消灭，此后斯洛伐克一直到1918年成立捷克斯洛伐克共和国为止的一千年间，一直为匈牙利王国领土的一部分。

　　1526年，当匈牙利首都被奥斯曼帝国攻占时，匈牙利就不得不迁往波焦尼（现在的布拉迪斯拉发），斯洛伐克的城市变成了他国的首都，从此作为匈牙利王国的中心得到了发展和繁荣。在匈牙利统治时期，斯洛伐克人在不断地追求漫漫的复兴之路。

　　在第一次世界大战中，斯洛伐克人和捷克人提出成立共同国家的建议，并于1918年10月28日，发布《捷克斯洛伐克独立宣言》。1938年，由于希特勒在占领捷克后采取分割统治，产生了依附于德国的独立的斯洛伐克。

　　"二战"之后，捷克斯洛伐克共和国再次独立。1993年1月1日，取消了与捷克的联邦，真正独立的斯洛伐克共和国诞生。2004年5月，斯洛伐克加入欧盟，迈出了新的一步。

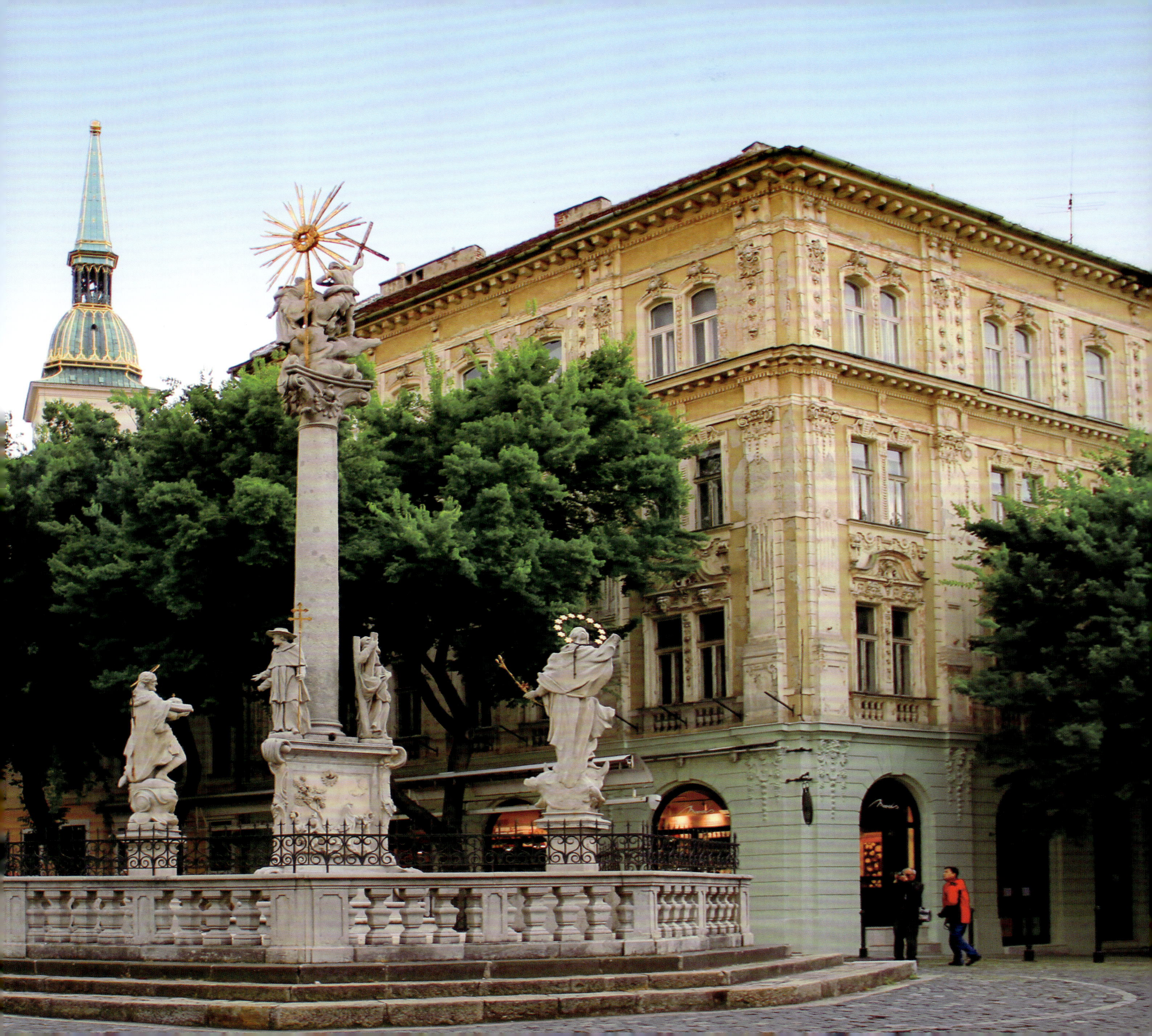

斯洛伐克

布拉迪斯拉发城堡，耸立在多瑙河畔的山丘上。城堡上四个四角形的塔楼，被人们称作"被掀翻的桌子"，12世纪时为罗马式石结构城堡，1431年至1434年，改建为哥特式要塞，1635年至1646年，增加四个塔楼，基本形成今天的外观。16世纪，因该城定为匈牙利首都而成了城市的象征。18世纪成为女王居住的城堡，1811年，遭大火焚烧，到"二战"后才修复，现为历史博物馆。下图为2005年所摄，上两图为2015年所摄，色调有所不同

造型奇特的东正教堂

斯洛伐克

城堡内景

城市街景

城堡前的前国王雕像

老城中心广场上的雕塑喷泉南立面

城市中心区的情景雕塑

老城中心广场的西侧面

塞尔维亚

塞尔维亚位于巴尔干半岛中北部，全境地形以山地和丘陵为主，西边为迪纳尔山脉，东边为喀尔巴阡山，仅北部属多瑙河平原，是一个多山的内陆国家。境内河流众多，主要河流有多瑙河及其支流萨瓦河、摩拉瓦河。气候为温带大陆性气候。全境面积88361平方千米（包括科索沃），人口990万（包括科索沃）。

塞尔维亚的历史比较复杂。在今天的贝尔格莱德一带，早在公元前，多民族问题围绕土地问题进行了无休止的争夺。公元前4世纪时，凯尔特人就在今天的贝尔格莱德的卡雷梅格旦公园的位置修建了要塞。此后，罗马人夺取了土地，但在6世纪后，这里又被南斯拉夫民族占领。塞尔维亚人便是斯拉夫民族中的一支，最初处于拜占庭帝国和保加利亚王国统治下。12世纪时，内马尼奇统一了塞尔维亚绝大部分土地，他创立了内马尼奇王朝，成为中世纪塞尔维亚王国的基础。1219年，塞尔维亚成为巴尔干半岛强盛的国家。

14世纪时，以斯特凡·多香为国王的王国在今天的科索沃地区诞生，并收回了包括阿尔巴尼亚、马其顿在内的广大区域，但在多香死后，王国实力衰弱，不时受到奥斯曼王朝的攻击。

1389，塞尔维亚被奥斯曼王朝击败，于是便一直在奥斯曼王朝统治下。到17世纪后，奥斯曼王朝实力渐趋赢弱。19世纪后，塞尔维亚农民爆发了两次起义，1830年终于获得了自治地位。

1877年，俄土战争中，奥斯曼帝国战败，诞生了塞尔维亚王国。但此时奥匈帝国势力扩张，还吞并了波斯尼亚和黑塞哥维那，为此掀起了反抗奥匈帝国的民族解放运动。1914年，奥匈帝国斐迪南大公及夫人索菲被波斯尼亚党的塞尔维亚青年普林西普在萨拉热窝暗杀，成为第一次世界大战的引火线。

1918年，奥匈帝国瓦解，号召南斯拉夫人统一的"塞尔维亚、克罗地亚和斯洛文尼亚人王国"成立。1929年成立了南斯拉夫王国。塞尔维亚出身的亚历山大国王实施独裁统治，招致了克罗地亚人的反感。1934年，国王被克罗地亚人暗杀。

第二次世界大战中，最初南斯拉夫与德国联手，但南斯拉夫的将士军官发动了武装起义，于是德国开始大规模进攻贝尔格莱德，南斯拉夫王国战败投降，其后领土被德国、意大利、匈牙利、保加利亚瓜分。作为德国附属的克罗地亚成立了独立国家，并大肆迫害塞尔维亚人。

其间，产生了以铁托为最高司令的南斯拉夫人民解放军，通过游击战争，于1945年建立起社会主义的南斯拉夫联邦人民共和国，铁托为总统。1963年，改称南斯拉夫社会主义联邦共和国。1980年铁托去世。1991年，南斯拉夫解体，塞尔维亚共和国、黑山共和国组成了新南斯拉夫联邦共和国。1999年3月后，围绕科索沃的自治权问题，塞尔维亚遭受到北约的空袭，国土荒废。2006年，黑山也宣布独立。从此，塞尔维亚作为一个独立国家走上新的道路。

塞尔维亚在受到多种文化影响的同时，也形成了自己独特的文化，有众多的文化历史遗迹。连绵起伏的山峦，潺潺的流水，营造出众多的自然美景，但由于政治动荡，战乱不断，以至旅游发展停滞不前，许多景点还有待开发利用。

民族文化村中的景观

贝尔格莱德
Belgrade

  贝尔格莱德地处巴尔干半岛核心位置，坐落在多瑙河与萨瓦河的交汇处，北接多瑙河中游平原，南接舒马迪亚丘陵，居多瑙河和巴尔干半岛的水陆交通要道，是欧洲和近东的重要联络点，是重要的战略要地，被称为"巴尔干之钥"。

  贝尔格莱德人口 157.6 万（2002 年），也是仅次于伊斯坦布尔、雅典和布加勒斯特的巴尔干第四大城市，市区面积 360 平方千米，全市面积 3222 平方千米。

  约在七千年前，温查文明出现在贝尔格莱德附近。3 世纪，凯尔特人在此定居，随后这一区域被罗马帝国占领，此后被拜占庭帝国统治。630 年左右，斯拉夫人到达，先后被匈奴人、东哥特人、阿瓦尔人征服。斯拉夫语"Beograd"被第一次提及是在保加利亚第一帝国统治的 878 年。1284 年成为斯雷姆王国的一部分，其国王德拉右迁，成为第一个统治该市的塞尔维亚君主。14 世纪，贝尔格莱德成为当时巴尔干半岛人民躲避奥斯曼帝国控制的天堂。1521 年，奥斯曼帝国征服该市，城市遭受严重破坏。其后一百五十年间，一直处于和平状态。17 世纪，城市人口已拥有 10 万，逐渐成为东方城市，拥有众多奥斯曼建筑和清真寺。

  贝尔格莱德曾三次被奥地利人占领（1688 年 ~1690 年、1719 年 ~1739 年和 1789 年 ~1791 年），每次都被夷为平地。1817 年，贝尔格莱德成为自治的塞尔维亚公国首都。1882 年塞尔维亚王国成立后，贝尔格莱德获得迅速发展。在第一次世界大战时，奥匈帝国军队占领该市，在来回的争夺中，城市遭受重创。战争结束后，该市成为新的南斯拉夫王国首都。在 1920 年至 1940 年，城市快速发展。1941 年，城市遭受德国空军疯狂轰炸，并惨遭纳粹德国大规模屠杀。1944 年，又遭盟军轰炸，约一千六百人遇害。1944 年 10 月，共产党领导的游击队和苏联红军解放了贝尔格莱德。

  1946 年 11 月，成为南斯拉夫社会主义联邦共和国首都。1999 年的科索沃战争中，北约空袭给贝尔格莱德造成巨大损失，包括政府大楼、电视塔、中国驻南斯拉夫大使馆在内的众多建筑物被毁，如今已迈出了新的步伐，正处在恢复中。

卡雷梅格公园，位于多瑙河与萨瓦河交汇之处的山丘上。公元前4世纪，这里就已是城堡要塞，不过现在所留的建筑大部分是18世纪以后所建。在山丘的顶部——格尔尼·格兰德，上面建有奥斯曼帝国的达马特·阿里·帕夏的墓地和胜利者纪念碑，这里可以眺望远方。现在这里已辟建为大众活动的城市公园，造型新颖的"二战"纪念碑耸立在绿树围成的小广场上，人们一面瞻仰着城堡古迹，一面俯视着缓缓流淌的多瑙河，在纪念碑前回眸战争年代塞尔维亚人光荣斗争的历史。此图为公园里的"二战"纪念碑

铁托墓园，在贝尔格莱德乌日策大街15号。原总统官邸的花房中，墓葬着前南斯拉夫联邦共和国总统、南联共总书记铁托的大理石棺椁。铁托，1892年5月25日出生于克罗地亚库姆罗维茨村。1918年加入俄国共产党，在"二战"中为反抗德国侵略者，赢得国家独立，作出了卓越贡献。战后是不结盟运动的领导者之一，他反对苏联的干涉，反对霸权主义，得到了世界的尊重。1980年5月4日，在斯洛文尼亚卢布尔雅那逝世。去世后，遵照他生前愿望，没有为他专门修筑陵墓，而是将他最喜欢的花房改作长眠之地。墓地一侧的房间里陈放着铁托生前用过的办公座椅，以及生前事迹介绍和与各国领导人合影的照片。花房正面是由花坛组成的喷泉，在墓园中伫立着铁托戎装的塑像。整个墓园由绿树围绕，一些雕像及现代装饰都布置在园内的各个部位，墓园显得素雅而不奢华，具有很强的艺术性

铁托墓园

入口区的喷水池

墓园内的铁托铜像

卡雷梅格公园入口

公园内留存的中世纪古迹，下为多瑙河

贝尔格莱德

墓园中的陈列馆

古城堡中具有民族风格的建筑

1999年，美军轰炸贝尔格莱德，炸毁了中国大使馆（草坪处），这是塞尔维亚政府在中国大使馆遗址前树立的纪念碑，我们旅行团敬献了花篮

公园中石砌的古城堡挡土墙

从公园的高地上俯视多瑙河及两岸风光

民族文化村
Minority Cultural Village

　　民族文化村位于贝尔格莱德西南约100千米的南斯拉夫时期著名红星足球队训练基地处。民族文化村的建筑具有塞尔维亚民族风格，灰白色的建筑和木栅的装饰，别具风采。平面布局以水体为中心，各建筑围绕水面的布置手法，自然而有序，各种花木的配置也无不体现庭园设计的精到之处。这是一座为乡村旅游服务的庄园，面积不大，活动内容和服务设施也很丰富，吃、住、游、玩面面俱到，其中一列小火车颇受游客欢迎，乃至青年结婚都坐着小火车游乐。

民族文化村内具有强烈地方风格的宾馆建筑

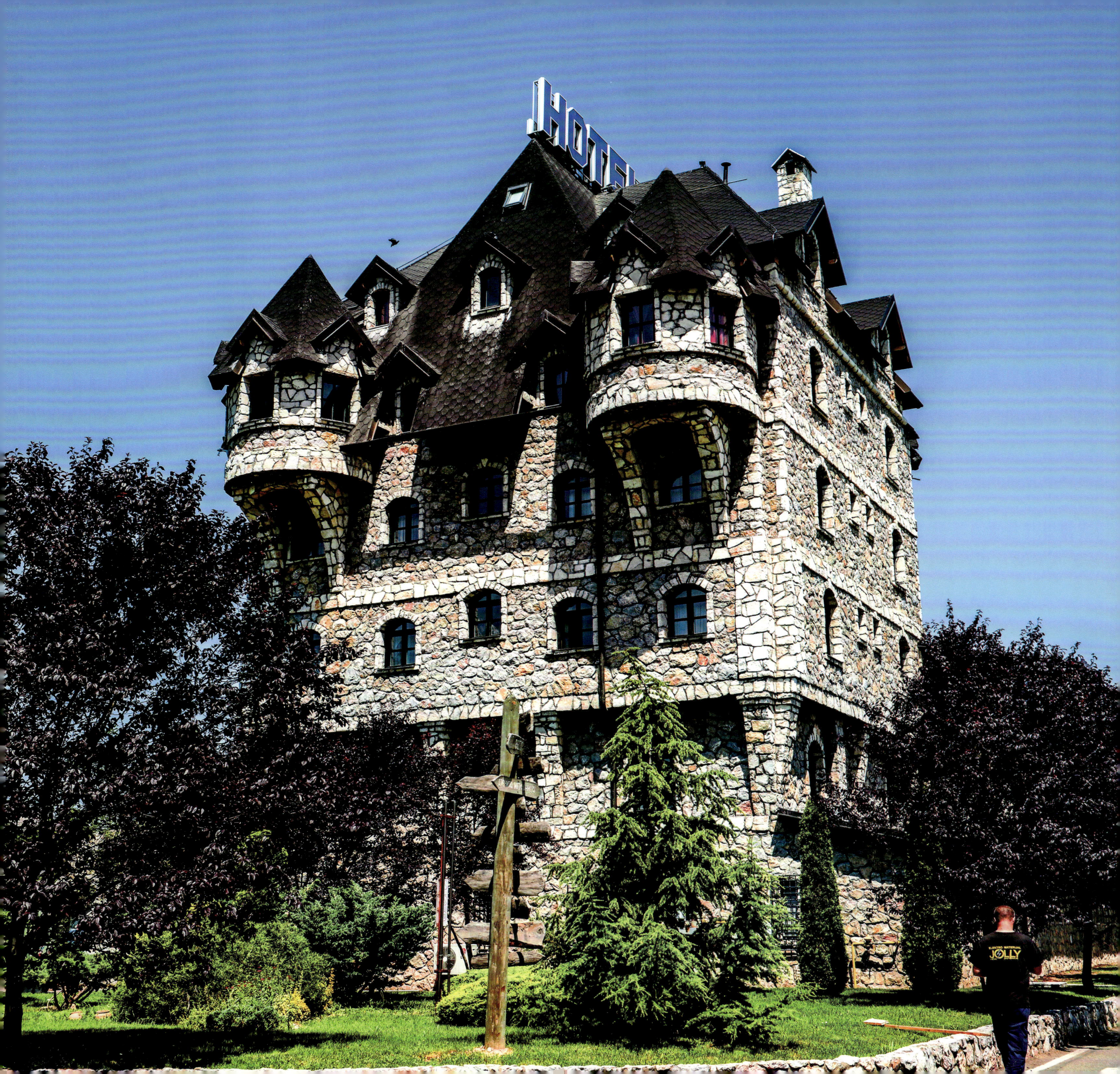
JOLLY

塞尔维亚

南斯拉夫老牌的红星足球队赴训练场比赛

民族文化村内的庭园设计花团锦簇，比较精致

民族文化村

民族文化村中的各种塞尔维亚乡村建筑

塞尔维亚

这几幅照片均为民族文化村内的景色

民族文化村进行了微地形处理，富有地方色彩的建筑，高低错落地布置在不同的标高上

波斯尼亚和黑塞哥维那（波黑）

波斯尼亚和黑塞哥维那简称"波黑"，位于巴尔干半岛西部，南部为亚得里亚海，但海岸线不足 10 千米，嵌于克罗地亚海岸线中间。全境以山地为主，地形起伏多变，国土中部是迪纳拉·阿尔卑斯山脉，海拔约 2000 米的山体连绵不断。其北部称波斯尼亚地区，南部称黑塞哥维那地区，合并起来就是国家的名称。北部气候为温带大陆性气候，南部属亚热带地中海型气候。这里是东西方文化的交汇点，天主教、塞尔维亚东正教和伊斯兰教等在这里融合发展。正是这个原因，这一地区才孕育出了超越时空的多层次文化，并展现出丰富的自然与文化景色。全境面积 51129 平方千米，人口约 400 万。

波黑的历史，可以上溯到公元 7 世纪。在 7 世纪前期，斯拉夫人和塞尔维亚人、克罗地亚人混合住在一起，并成部落。其中塞尔维亚人和克罗地亚人主要是宗教信仰的区别而不是人种的区别，斯拉夫人散居在萨瓦河流域。波斯尼亚于 11 世纪接受了克罗地亚王国的统治，13 世纪时形成了事实上的独立。14 世纪时，特布尔托克带领中世纪的波斯尼亚王国取得了波黑地区事实上的支配权，在 1389 年的科索沃战争中，曾向塞尔维亚派遣援军。15 世纪后，奥斯曼帝国不断入侵。1527 年，整个国土纳入奥斯曼帝国版图中。黑塞哥大公斯特凡与奥斯曼帝国进行了长期的对抗，这片土地就被称作"黑塞哥的土地（黑塞哥维那）"。

波斯尼亚与北部哈布斯堡帝国接近，在奥斯曼帝国统治四百多年中，人们的不满情绪日益高涨。1875 年，在黑塞哥维那爆发了农民起义，取得了黑山军事上的支援，击退了奥斯曼帝国军队的进攻，农民起义的浪潮也波及了波斯尼亚地区，引发了波斯尼亚多地的起义。起义也影响了巴尔干全境。1876 年，塞尔维亚公国和黑山公国也向奥斯曼帝国宣战，再加上俄罗斯和土耳其之间的战争——俄土战争爆发，奥斯曼帝国终于被打败。

1878 年，黑山、塞尔维亚、罗马尼亚独立，保加利亚、波黑的自治权得到认可。但这受到英国和奥匈帝国的反对。同年，在柏林举行会议，波黑成为奥匈帝国军事占领下的地区。随着奥匈帝国吞并野心的暴露，波黑多地都出现新的农民起义，举起了统一斯拉夫的大旗。

1914 年，七人青年波斯尼亚党成员之一加布里罗·普林西普，在萨拉热窝暗杀了来访的弗兰茨·斐迪南大公夫妇，这就是著名的"萨拉热窝事件"，成为引发第一次世界大战的导火线。"一战"结束后，奥匈帝国土崩瓦解。1918 年，成立了"塞尔维亚、克罗地亚和斯洛文尼亚人王国"，波黑也纳入其中。1941 年，波黑成为克罗地亚独立国家的一部分。

1945 年，南斯拉夫联邦人民共和国成立，波黑成为其中一员。1991 年，南斯拉夫解体。1992 年 4 月至 1995 年 12 月，波黑三个主要民族（穆斯林、塞尔维亚、克罗地亚）围绕波黑前途和领土划分问题进行了"二战"后规模最大的一次局部战争，有 27.8 万人死亡，200 多万人沦为难民，全国 85% 以上的建筑设施遭到破坏，直接经济损失 450 多亿美元。最终在西方军事打击塞族的情况下，结束军事冲突。但事至今日，波黑境内塞族、穆族仍分而治之，民族仇恨一时很难消除。该国仍然没有直接使用"波斯尼亚和黑塞哥维那"这两个地理名称所代表的政治实体存在，仅仅使用种族名称波斯尼亚人跟克罗地亚人（波黑政府）及塞尔维亚人（塞族共和国）所代表的政治实体。现在，通过战争遗留的弹痕还清晰可见。目前，波黑经济正在渐渐复苏。

风光秀丽的萨拉热窝市区

萨拉热窝
Sarajevo

萨拉热窝位于波斯尼亚和黑塞哥维那（简称波黑）的东南部，是波黑的首都和政治、经济、文化中心。这是一座混合了多个民族、宗教、文化的国际化都市。群山环抱，风景秀丽，人口近40万。

萨拉热窝是一座历史悠久的古城，在新石器时代就有人类居住。这里的布特米尔文化、伊利里亚文化历来受到考古学家们的重视。在被罗马帝国征服之前，伊利里亚人就在这里居住。罗马帝国之后，哥特人占据此地，之后斯拉夫人在7世纪来到这里。整个中世纪，这里是波斯尼亚省的一部分。1238年，教会曾在此建圣保罗大教堂。斯拉夫人的城寨从1263年到1429年都存在。1450年，奥斯曼帝国建立了萨拉热窝市。1461年以后，修建了城市供水系统、清真寺、巴扎、公共浴场等。许多基督教徒改信伊斯兰教。16世纪中期，清真寺数量超过一百个。在帝国鼎盛时期，萨拉热窝是奥斯曼帝国在巴尔干半岛仅次于伊斯坦布尔的第二大城市。1908年，波黑合并入奥匈帝国。城市在维也纳之前试验导入了路面电车等新设施。

1914年6月28日，曾经统治奥匈帝国的弗兰茨·斐迪南大公夫妇，在米利亚兹卡河的拉丁桥头，被塞尔维亚青年加布里罗·普林西普枪杀，成为"一战"的导火线，被称为"萨拉热窝的枪声"。

1984年，冬季奥林匹克运动会曾在此举办。但此后的1992年，爆发了波黑战争，塞尔维亚主导的军队和波黑政府军队之间的四年围城战，造成萨拉热窝一万多人死亡，五万六千人受伤，如今在城市的不少建筑物上仍然可以看到战争的痕迹。

自奥斯曼帝国以来，萨拉热窝作为商业中心的工匠街仍然弥漫着东方气息。拥有伊斯兰教、天主教、东正教、犹太教等各种宗教建筑和设施，这一切告诉人们，这个多民族、多宗教混合的城市依然充满着魅力。

萨拉热窝

天主教大教堂正面的街道，市区附近有塞尔维亚东正教教堂和伊斯兰清真寺，说明这座城市有三个民族居住

波斯尼亚和黑塞哥维那（波黑）

这里是1914年6月28日奥匈帝国王储被枪杀的地点——马路交叉口的左侧，再前即拉丁桥，第一次世界大战的引发地

天主教大教堂

位于来利亚兹卡河上著名的拉丁桥

萨拉热窝

位于来利亚兹卡河南岸的清真寺

老街，前方是伊斯兰清真寺

在莫斯塔尔赴科托尔途中，沿途可以欣赏到波黑的佳山丽水

波斯尼亚和黑塞哥维那（波黑）

这是"二战"中被炸毁的铁桥遗址

波黑山水风光

"二战"中被炸毁的铁桥

旅途中的波黑山水风光

萨拉热窝著名的老街区——铜匠街

萨拉热窝

古罗马遗址萨拉热窝市中心市场

萨拉热窝市中心的古罗马市场遗迹，该处现仍为市场

工匠街上著名的铜匠铺，即电影《瓦尔特保卫萨拉热窝》中的场景所在地

莫斯塔尔
Mostar

世界遗产

莫斯塔尔，位于波黑南部，靠近克罗地亚，东北距萨拉热窝约80千米，人口约11万，清澈的内勒特瓦河穿过城市中央。莫斯塔尔因在河上的一座古桥——斯塔里·莫斯特而闻名于世。

莫斯塔尔城于15世纪由奥斯曼土耳其建造，1878年，成为奥匈帝国的领土，"一战"之后成为南斯拉夫王国的领土，"二战"后仍为南斯拉夫社会主义联邦共和国领土。1993年，波黑独立之后发生"波黑战争"，莫斯塔尔遭受战争破坏，内勒特瓦河上的斯塔里·莫斯特古桥也遭破坏。

1994年停战之后，城镇开始复兴，但敌对民族分河而住，东侧为穆斯林居住区，西侧是克罗地亚人居住区，相互基本互不来往。2001年，古桥在联合国教科文组织帮助下开始修复，2004年春修复完成。2005年，斯塔里·莫斯特古桥及附近的周边地区被联合国教科文组织列入世界遗产名录。

莫斯塔尔

上面几幅图为斯塔里·莫斯特古桥两侧的景色

黑山

黑山共和国位于巴尔干半岛的中西部，亚得里亚海东岸。全境地形以山地和丘陵为主，沿海有少量平原，河流较少，主要湖泊有斯库台湖，气候主要为温带大陆性气候，沿海地区为地中海式气候，全境森林资源丰富，树木茂盛呈黑压压的一片，据说"黑山"由此得名。全国面积13812平方千米，人口62万（2008年）。在亚得里亚海沿岸，有不少历史悠久的城市，其中以列入世界遗产名录的科托尔最为闻名。6世纪末至7世纪初，斯拉夫民族来到黑山地区。9世纪时基督教传入，但无法摆脱拜占庭帝国、保加利亚王国的影响，时而被强国统治，时而获得独立。1185年，在内马尼奇的率领下，纳入塞尔维亚王国。

中世纪时塞尔维亚迎来全盛时期，但不久国力衰弱，黑山境内的豪强将黑山从塞尔维亚王国中独立出来。

1389年，奥斯曼帝国统治塞尔维亚，也基本上统治了黑山。亚得里亚海沿岸地区被威尼斯共和国占领。

1516年以后，黑山由采蒂涅修道院的主教、圣俗两方面的领袖——主教公统治。进入17世纪末，奥斯曼帝国实力衰退，当时的主教公、黑山最伟大的诗人内戈什蒂带领人们从奥斯曼帝国统治下独立出来。1852年，主教公这一制度消失。1877年与塞尔维亚一起参加了俄土战争，如愿地获得了亚得里亚海岸的领土。1910年，从公国演变为王国。1912年和1913年两次巴尔干战争中，黑山站在了塞尔维亚等巴尔干同盟国一方参战，取胜后获取了许多土地。

在第一次世界大战中，它又被奥匈帝国军队占领，国王尼古拉逃亡。后来，黑山被塞尔维亚军队解放，驱逐国王，与塞尔维亚人走向联合，并参加了"塞尔维亚、克罗地亚和斯洛文尼亚人的王国"。国名于1929年改为南斯拉夫王国。在第二次世界大战后，又在铁托带领下，将国家改为联邦制社会主义体制，黑山是构成联邦的共和国之一。

1980年，南斯拉夫领导人铁托去世，进入20世纪90年代，联邦中各共和国独立要求强烈，其中黑山人口的30%是塞尔维亚人，因此，在斯洛文尼亚、克罗地亚、马其顿、波里都独立之后，黑山坚持同塞尔维亚组成联邦。但在1999年，因科索沃问题，南斯拉夫受到北约空袭后，第二年米洛舍维奇政权瓦解，黑山走向独立的意向增强。2003年，联邦制改成松散的国家联合体制，国名也更改为"塞尔维亚和黑山"。2006年5月，黑山通过公投宣布独立。

基督复活大教堂。这座东正教大教堂建于1993年，2013年落成，屋顶上有众多十字架和钟楼。外墙由白色的花岗岩构成，立面富有变化。它是波里首都波德戈里察的标志性建筑

黑山

莫拉恰河上的现代悬索桥——来莲娜桥

从首都波德戈里察前往科托尔古城旅途中的山水风景

复活大教堂前的雕塑

科托尔古城入城前的山景

复活大教堂入口处

波德戈里察

波德戈里察（Podgorica）是黑山共和国的首都，是黑山的政治、经济中心，1945 年至 1992 年间曾名为铁托格勒。位于国家的西南部，靠近阿尔巴尼亚，附近的斯库台湖区与阿尔巴尼亚所共有。莫拉恰河穿城而过。人口 16 万。

1326 年，波德戈里察首见于史籍。"二战"期间，城市毁于战火，仅存土耳其钟楼、清真寺一处和几处房屋，现重建为一座新城。全城面积七分之一辟为公园和游乐用地，但园林艺术水平一般。

基督复活大教堂的东立面。这座新建的东正教大教堂外部屋顶上有众多十字架和钟楼，外墙采用白色的花岗岩

教堂的多个立面

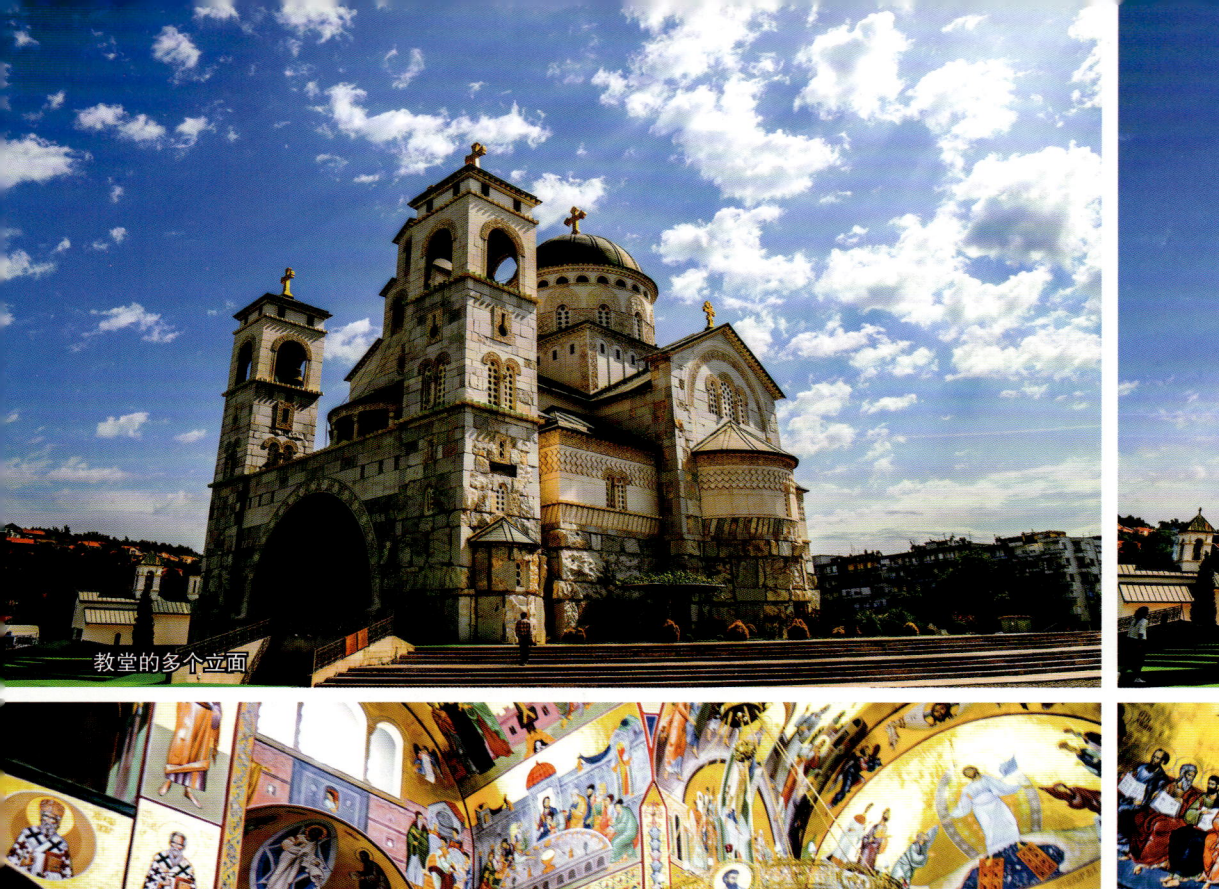

教堂内色彩绚丽的壁画和新奇装饰。

科托尔
Kotor

世界遗产

科托尔位于黑山西南部，临亚得里亚海科托尔湾南端。科托尔是一座被复杂海岸线和群山环绕的天然要塞。其周围山坡上的城墙，使科托尔作为一座坚固的要塞城市不断繁荣。

科托尔在公元前168年的古罗马时代就有人类定居，当时是罗马达尔马提亚行省的一部分。中世纪早期，罗马帝国皇帝查士丁尼一世于535年在城市建立要塞。10世纪，康斯坦丁七世在要塞附近建立第二城市即科托尔。1002年，城市被保加利亚第一帝国占领，随后被割让给塞尔维亚人。1420年至1797年，成为威尼斯共和国下属的威尼斯—阿尔巴尼亚省的一部分。16世纪至17世纪，城市被奥斯曼帝国两度占领。被威尼斯人统治近四个世纪，使得科托尔的建筑深受威尼斯文化的影响，具有典型的威尼斯风格。1797年后，哈布斯堡王朝获得了城市统治权。而后又成为法兰西第一帝国伊里里亚省的一部分。"一战"期间，科托尔成为奥匈帝国海军的三个主要基地之一，并且是帝王舰队的母港。1918年后，成为南斯拉夫王国的一部分。1945年后，成为南斯拉夫社会主义联邦共和国下属黑山共和国的一部分。

在科托尔长达4千米的城墙内有六座12世纪至13世纪的罗马教堂，还有建于1166年的圣特里丰教堂。丰厚的历史文化遗址，古老的建筑和街巷，使人漫步于老城中宛如置身于中世纪的威尼斯城市。

科托尔地区在地中海文化沿着亚得里亚海南岸在巴尔干地区的传播中发挥着重要的作用，是许多帝国的必争之地。科托尔的艺术、金饰品工艺对本地区有着深远的影响。1978年，联合国教科文组织把科托尔历史自然与文化保护区列入世界遗产名录。1979年，这里发生过地震，许多建筑都被破坏，但在联合国教科文组织等多方协助下，进行了复原工作，现已呈现昔日的风采。

科托尔

圣特里丰大教堂。科托尔古城中有罗马天主教和东正教两种文化的教堂，此处属于罗马天主教堂。这座教堂保留了1166年创建时的外观。内部于1677年和1979年地震后进行了修复

黑山

科托尔海湾，大型邮轮可把世界各地游客直接带到古城参观

海湾的大邮轮与古堡相映生辉

古城外滨临海湾处

科托尔

滨海老城的钟楼 　　临海屹立的城堡 　　滨海古城区（中世纪）

科托尔亚得里亚海滨宾馆、住宅区

这座石块建起的圣卢卡教堂，建于1195年，是科托尔最古老的教堂之一

科托尔附近的小城。中图为古堡，下图为民族英雄雕像

黑山

古城的外围及城墙

古城的背景山体

古城入口处的钟楼

中世纪的东正教教堂

古城内的中世纪街道

古城的护城河

古城中的古堡

科托尔

科托尔濒临亚得里亚海的海景山色

科托尔市外，亚得里亚海上的圣斯蒂芬岛，现已改造成高级旅游度假村

临海的科托尔另一古城区

科托尔新城的街心花园

古城的中世纪街道

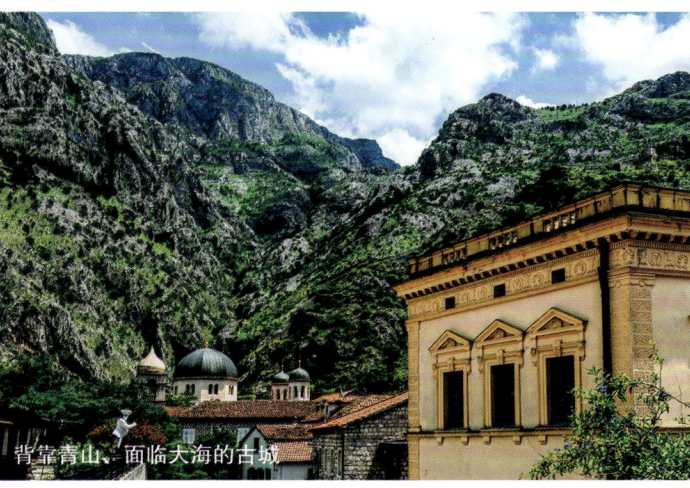

背靠青山、面临大海的古城

古城中世纪的宾馆

阿尔巴尼亚

阿尔巴尼亚位于巴尔干半岛西南部，西临亚得里亚海和伊奥尼亚海。境内地形复杂多变，山地和丘陵占国土面积的四分之三，仅在沿海部分为平原，海岸线曲折，岬角和港湾众多，河流湍急短促。在和黑山交接处有风光秀美的斯库台湖。气候属亚热带地中海型。长期以来，阿尔巴尼亚一直蒙有神秘感的面纱，有"巴尔干神秘之境"的称号。全境面积28713平方千米，人口314万（2008年）。经济为欧洲最落后的国家之一。

早在公元前2000年，伊利里亚人就已在此生活。公元前8世纪前后，希腊人在此进行殖民活动。公元前3世纪初，罗马人将势力伸入，此后伊利里亚成为罗马的属地。

4世纪末，阿尔巴尼亚被纳入东罗马和后来的拜占庭帝国。6世纪前后，斯拉夫人的势力渗透到巴尔干半岛，阿尔巴尼亚人开始在巴尔干半岛西南部定居。在整个中世纪，阿尔巴尼亚先后受到拜占庭帝国、保加利亚王国、塞尔维亚王国等霸权国家的统治。1190年，建立独立的封建制公国。

1385年，奥斯曼帝国的势力扩张到这里。15世纪初，彻底成为奥斯曼帝国的领土。但这一时期出现的领导人斯堪德培，曾短期将阿尔巴尼亚独立出来，共持续了三十七年，后来又被纳入奥斯曼帝国。斯堪德培由此成为民族英雄。阿尔巴尼亚国旗上一只黑色的双头鹰，就是来自斯堪德培的印章。故此，阿尔巴尼亚称为山鹰之国。在持续四百多年的奥斯曼帝国统治下，阿尔巴尼亚从原来是基督教占多数变成了伊斯兰教教徒占大多数。

进入19世纪，阿尔巴尼亚民族意识觉醒。在第一次巴尔干战争中，尽管实现了国家独立，但领土远没有达到预期目标，领土被一些国家瓜分。领土缩减一半，科索沃划归塞尔维亚，北伊庇鲁斯划归希腊。"一战"以后，从德国迎接来的国王早已亡命，失去领导者的阿尔巴尼亚陷入混乱，遭到了邻国的入侵。在巴黎和平会议上维持了独立，但阿尔巴尼亚政权仍处于跌宕起伏的状况。1925年开始推行共和制，三年后总统索占即位，实施王政。为使社会安定，寻求援助，向意大利靠拢。但在1939年阿尔巴尼亚被意大利吞并。在"二战"中，成为意大利占领希腊的基地。意大利投降后，由苏军占领。阿尔巴尼亚共产党领导人恩维尔·霍查成为政府首脑。

1946年1月11日，阿尔巴尼亚人民共和国首先成立。1968年退出华沙条约组织。1975年面临经济窘境，导致一系列政治斗争。1976年，改称阿尔巴尼亚社会主义共和国。1985年霍查去世，1990年随着东欧政权剧变，阿尔巴尼亚也发生剧变，成为阿尔巴尼亚政府多元化的政治国家。1991年4月，改名为阿尔巴尼亚共和国。1991年6月，劳动党易名为社会党，并公开批判霍查。1992年5月霍查墓穴被挖，遗骸迁走。2009年4月，加入北约，2014年加入欧盟。

地拉那市中心斯堪德培广场上的斯堪德培骑马铜像

阿尔巴尼亚

地拉那大学主楼

城市中心以松树为行道树的人民大道。正前方直抵地拉那大学

下图"金字塔"，据说原为霍查生前为自己所建的陵墓，现已改作他用。中间两图为城市开放式公园内的雕塑小品

地拉那

地拉那（Tirana）是阿尔巴尼亚首都，第一大城市，政治、经济、文化和交通中心。位于国土中西部的伊什米河畔，西距亚得里亚海40千米，人口70万。

地拉那地处山间盆地，冬季湿润，夏季干热。地拉那最早是17世纪初期由奥斯曼王朝的领主苏莱曼·帕夏建造的城市，最初只有清真寺、土耳其式浴场、面包房，后来随着交通发展和商队来往逐渐变成商业中心。1920年，成为阿尔巴尼亚首都。1928年至1939年，曾雇请意大利建筑师重新规划了城市。1939年至1944年，被德国、意大利占领。战后在苏联和中国援助下进行了大规模建设。1992年，政局发生剧变，街头的一些列宁、斯大林及霍查的雕像被去除，商业开始发展起来。地拉那城市树木掩映，街道绿树成荫，有不少公园和街心花园，只是园艺水平一般，而且多为上世纪50年代至60年代遗留下来的。城市的中心是以阿尔巴尼亚民族英雄斯堪德培命名的广场

斯堪德培广场上的时钟塔及哈奇艾特海姆清真寺均建于19世纪初期，但时钟是在1928年才添加上去的，塔高30米，在塔顶可眺望地拉那城市风貌

城市中心大道上象征阿尔巴尼亚的双头鹰雕像

马其顿

马其顿位于巴尔干半岛的中部，境内地形以山地为主，森林密布，河流众多。南部濒临爱琴海，沿海为平原，气候为温带大陆性气候。著名的奥赫里德湖所处的湖畔城市已列入世界自然和文化遗产名录。国土面积25713平方千米，人口202万（2008年）。

马其顿民族主要是斯拉夫人占70%，阿尔巴尼亚人占25%，另外有少量土耳其人。在宗教方面，马其顿人信仰的是东正教派的马其顿东正教，阿尔巴尼亚人和土耳其人信仰伊斯兰教。由于其历史和民族的复杂性，带来政治、文化的复杂性。最初的马其顿包括马其顿共和国在内的、希腊的内陆地区和保加利亚西部地区。后来使用马其顿作为国名，希腊等其他国家有不同意见。保加利亚认为，在语言上，马其顿语和保加利亚语没有大的差异；从民族来说，马其顿人就是保加利亚人。尽管如此，马其顿人还是以自己是马其顿人而自豪。

公元前5世纪末，马其顿开始介入邻国事务。进入公元前4世纪，马其顿发生权力之争，国家遭受危机。摄政王腓力二世临危受命，自称国王，很快使国家强盛，它创造了具有极强打击力的马其顿方阵。公元前355年，希腊发生混战，腓力乘机南下，控制了希腊中北部地区，后来，希腊组成反马其顿联盟，使腓力扩张受阻。公元前338年，马其顿战胜希腊联军，希腊多邦被迫承认马其顿霸主地位，马其顿军进驻希腊各战略要地。

公元前386年，腓力二世被波斯刺客杀死。腓力二世的二十岁儿子亚历山大继位。他用权谋和武力结束了希腊人反马其顿运动。亚历山大恢复统治。公元前335年，组建起一支三万步兵、五千骑兵构成的东征军，开始历史性的希腊化征程。公元前334年，亚历山大率领三万五千大军和一百六十艘战船开始远征东方。马其顿军与波斯军在小亚西亚首次会战，大胜，轻取整个小亚西亚。公元前333年，亚历山大率军在叙利亚打败波斯大流士三世亲率的十万波斯军。接着进军叙利亚和腓尼基。公元前332年，亚历山大长驱直入埃及，自称是太阳神"阿蒙之子"。他亲自扛着设备，在尼罗河三角洲西部建立亚历山大城，作为他伟大战绩的纪念碑。埃及法老为亚历山大加上了"法老"的称号。

公元前331年春，亚历山大率军攻入两河流域北部，10月同号称百万的波斯军决战，取得大胜，波斯从此丧失抵抗能力，马其顿军占领巴比伦和苏萨，焚烧巴比伦、苏萨、波斯波利和埃克巴坦的波斯王宫并报复，波斯帝国至此灭亡。公元前329年穿越现今阿富汗和巴基斯坦交界处的兴都库什山（与中国新疆的帕米尔高原相接）。公元前327年，亚历山大率军离开中亚，南下侵入印度，企图打到"大地终端"。他在印度河谷建立了两座亚历山大城，迅速占领印度西北地区，他想进一步征服印度心脏地区，但此时，长期征战的士兵已厌战，加上印度炎热和暴雨、疾病，发生兵变。公元前325年，不得不撤军。公元前324年，远征即将结束，亚历山大将巴比伦作为首都。他建立了一个庞大的帝国，版图西起希腊、马其顿，东到印度河流域，南临尼罗河，北依多瑙河和黑海，仅起名为亚历山大的要塞就建起七十多座。

在巴比伦，亚历山大还整编了一支庞大的军队，并准备继续东征。但是不幸的是在公元前323年6月，亚历山大突患恶性疟疾，从发病到死仅十天时间，他匆匆离开了世界。

他的突然死亡，导致接下来王权的激烈争夺，将领们纷纷拥兵自主为王，横跨欧亚非三洲的马其顿王国从此分裂。亚历山大庞大的帝国只存在了短短的十三年。

亚历山大死后，马其顿王国仅据有巴尔干半岛的一半。公元前168年，罗马帝国入侵巴尔干半岛。146年，它成为罗马帝国一部分，马其顿王国彻底瓦解，希腊化时代结束。

395年，巴尔干半岛成为东罗马帝国的一部分。9世纪后半期，强势的保加利亚统治马其顿。在奥赫里德修建起保加利亚东正教的总大主教堂，使奥赫里德成为艺术和文化中心。进入10世纪后半期，保加利亚帝国开始衰退，与拜占庭的领土争端激化。1018年，保加利亚帝国灭亡，马其顿再次处于拜占庭帝国统治下。不久，第二保加利亚帝国复兴，马其顿又成了两个帝国互相争夺的目标。进入13世纪，保加利亚被塞尔维亚王国击败，马其顿又处于塞尔维亚王国的支配之下。

1389年的科索沃战争中，塞尔维亚被奥斯曼帝国击败，此后直到1912年的五百多年中，马其顿一直在奥斯曼王朝统治之下。1877年，俄土战争以俄罗斯的胜利而终结。马其顿暂时成为保加利亚一部分，而反对的奥匈帝国和英国召开了柏林会议，再次将马其顿返还给了奥斯曼王朝。

随着奥斯曼王朝衰落，1912年第一次巴尔干战争爆发，保加利亚、塞尔维亚、希腊三国组成同盟军，对奥斯曼帝国宣战并取得胜利，马其顿被胜利的三国瓜分。之后，围绕着领土分配的问题，塞尔维亚、希腊、罗马尼亚、黑山、奥斯曼联军与保加利亚开战，爆发了第二次巴尔干战争，保加利亚战败，而马其顿还是被瓜分。

马其顿作为人民共和国得到承认是在南斯拉夫联邦人民共和国建国成立后。南斯拉夫于1991年解体。1993年4月，以"前南斯拉夫马其顿共和国"的暂时名称加入联合国。1999年科索沃战争，近二十万阿尔巴尼亚族难民从科索沃涌入马其顿，马其顿不战而独立。马其顿共和国和马其顿地区是两个不同的概念，希腊方面认为"马其顿"是希腊历史的一个概念，反对马其顿共和国使用"马其顿"的名称。2009年8月两国谈判，据说，希腊方面已经接受"北马其顿共和国"的说法。

背山面湖的奥赫里德城市

奥赫里德
Ohrid

世界遗产

　　奥赫里德位于马其顿西南部，奥赫里德的四分之一属阿尔巴尼亚所有。在清澈的奥赫里德湖畔，耸立着马其顿的最高峰——海拔2764米的克拉布山等高峰，风景秀丽。古城位于湖的北岸，依山坡而建，人口42000。

　　奥赫里德湖是巴尔干半岛第二大天然湖泊，长30千米，宽12千米，面积365平方千米，最深处304米，海拔695米，是个山顶湖，是少见的未污染的淡水湖。

　　奥赫里德是欧洲最早的人类聚居地之一，有二百五十多处中世纪的遗迹。该市曾是周围各国历史纷争的焦点，各种帝国势力在此展开复杂的争斗。然而在争斗过程中，多种文化也得到了发展。13世纪至14世纪，城市在伊庇鲁斯公国、保加利亚王国、东罗马帝国和塞尔维亚帝国之间不断地更换统治权。14世纪末，城市被奥斯曼土耳其帝国征服，直到1912年才脱离土耳其人统治。

　　7世纪至19世纪，奥赫里德的教育、文学、斯拉夫文化得到广泛传播。不仅对巴尔干半岛地区，而且对世界历史和文学产生了深远的影响。奥赫里德一度有过三百六十五座教堂，因而得名"巴尔干的耶路撒冷"。1979年，奥赫里德以其丰厚的历史文化与秀丽的自然风光，被联合国教科文组织最早列入世界自然和文化遗产名录。

奥赫里德

位于湖畔突出处的圣约翰·卡内约教堂，建于中世纪。小巧玲珑，地段绝佳，是奥赫里德的代表性教堂

马其顿

圣约翰·卡内约教堂位于岩石坡上

湖畔奥赫里德秀丽的景色,成为避暑休养的胜地

圣约翰·卡内约教堂处于湖一角顶端的险要位置上,山水佳丽,外观小巧可爱

奥赫里德

湖畔老城，依山面水，沿坡层层而上，大部分民居都处于观赏山水的极佳位置

马其顿

优雅惬意的湖畔民居

奥赫里德

海阔天空的人间仙境

马其顿

圣克莱门特教堂外的院落

古老的住宅区

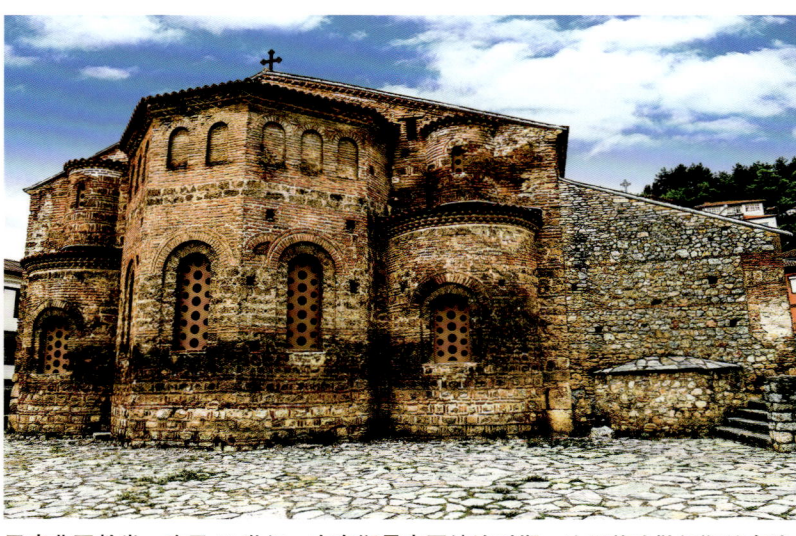

圣索非亚教堂，建于11世纪，在奥斯曼帝国统治时期，这里曾改做伊斯兰寺院。"二战"期间，恢复为基督教堂

城市的街头花园

圣克莱门特教堂。886年，克莱特来此传教，在三十年的时间内，他为这一地区的基督文化的发展作出了重要贡献。此处原是圣母玛利亚教堂，由于克莱特遗骨移此，因而改名圣克莱门特教堂

奥赫里德

古罗马时代的竞技场遗址，现为公众活动场所

古朴的民居院落

古老的建筑和新建住宅合而为一

11世纪思想家伊思忽默的塑像，位于城市中心花园

斯科普里
Skopje

斯科普里，马其顿共和国首都，也是全国政治、经济、文化中心。城市人口占全国的三分之一。瓦尔塔尔河穿城而过。斯科普里市区东西宽23千米，南北长9千米，平均海拔225米。

斯科普里附近自公元前4000多年就有人居住，1世纪为罗马人攻占。斯库皮是它的古代名称。395年开始，斯库皮由拜占庭统治。518年，斯库皮在地震中完全被破坏。中世纪时，遭到拜占庭和保加利亚第一帝国之间的多次争夺。972年至992年，斯库皮是保加利亚第一帝国首都。1018年，又被拜占庭占有，之后又被保加利亚统治。1189年，塞尔维亚曾短暂统治。13世纪中期成为保加利亚君士坦丁一世首都。以后又经反复，奥斯曼帝国于1392年统治斯科普里，之后统治五百二十年，名称改为斯屈普。于是穆斯林很快成为城市人口中的多数派，建筑形式也发生变化。

第一次巴尔干战争时期，奥斯曼帝国军队不敌由黑山、希腊、塞尔维亚、保加利亚组成的联军，不得不完全退出斯屈普。

"一战"后，斯科普里成为南斯拉夫王国的一部分。1941年，纳粹德国占领该市并划给保加利亚。1944年，成为南斯拉夫社会主义联邦共和国马其顿人民共和国的首都。1991年，马其顿独立后，斯科普里成为马其顿共和国首都。

斯科普里是多种文化的交汇处，在城市中，耸立着东正教堂、伊斯兰清真寺和60年代的大体量建筑。这些建筑，无不体现着各民族不断融入、轮流支配巴尔干半岛的复杂历史。

亚历山大广场

斯科普里

亚历山大的另一座雕像

亚历山大广场中的纪念柱

圣西里尔和圣梅索迪乌斯雕像。基督教传教士西里尔和梅索迪乌斯兄弟在9世纪为了方便在斯拉夫民族地区传教,创造了西里尔字母,并被斯拉夫民族广泛采用

建于1492年的清真寺,是奥斯曼时期建筑风格的杰出代表

特雷莎纪念馆外景

特雷莎修女纪念馆。特雷莎是一位天主教慈善工作者,曾获1979年诺贝尔和平奖

古城墙

老城中的伊斯兰集市——巴扎

瓦尔达尔河建于奥斯曼时期的石桥,如今仍是南北交通的要道

罗马尼亚

罗马尼亚位于巴尔干半岛东北部，全境山地、丘陵、平原各占三分之一，喀尔巴阡山耸立于中部地区，山脉的周边是大片的平原。多瑙河沿着保加利亚边界流淌，在罗马尼亚东部注入黑海，形成大面积的多瑙河三角洲湿地。全境面积 237500 平方千米，人口 2179 万。

罗马尼亚是中欧唯一拥有拉丁民族血统的民族，也是一个融合了中世纪风格和现代化风格的国家。不少城市留有中世纪古老的城堡，诸如以特兰西瓦尼亚地区的"吸血鬼"城堡为原型的布兰城堡，曾是罗马尼亚国王夏宫的佩雷什城堡等。黑海沿岸北部的多瑙河三角洲是欧洲最大的沼泽地，展示了大自然丰富多样的魅力。

罗马尼亚历史久远，早在公元前 8 世纪已有达契亚人定居南喀尔巴阡山北部一带。公元 1 世纪初期，成立了以布雷比斯为首的政治组织，这是罗马尼亚最早的国家。

106 年，罗马帝国越过多瑙河，征服了达契亚人，使之成为属州，达契亚人被编入罗马人的社会进行拉丁化，这就是罗马尼亚的雏形。

3 世纪时，西歌特人入侵，罗马人撤离，此后直到 13 世纪，其间的一千年历史由于文献资料的遗失而陷入迷雾之中。

到 14 世纪，诞生了两个最早的独立国家，一个是以匈牙利为宗主国的瓦拉几亚公国，另一个是反匈牙利派的摩尔多瓦公国。此时，奥斯曼帝国伸向两公国，罗马尼亚的诸侯尝试进行多种反抗，结果还是被奥斯曼王朝所征服。成为"吸血鬼"原型的瓦拉几亚大公弗拉德三世采佩什·摩尔多瓦大公斯特凡是敢于向奥斯曼王朝发起挑战的民族英雄。

进入 18 世纪，俄罗斯人不断南下，1768 年，向奥斯曼帝国宣战，对两个公国以保护基督教为名进行干涉。1853 年，在克里米亚战争中，俄罗斯被奥斯曼帝国击败。两个公国在宗主国奥斯曼帝国的统治下，正式统一为罗马尼亚，首都设在布加勒斯特。1877 年，罗马尼亚加入俄罗斯同盟国对奥斯曼帝国宣战。在第二年召开的柏林会议上，罗马尼亚获得完全独立。1881 年，卡洛尔大公宣布成立罗马尼亚王国。

在第一次世界大战中，罗马尼亚紧随英国、法国、俄罗斯获得了战争胜利，扩大了领土面积。1919 年的《巴黎和约》中，罗马尼亚取得了曾是奥匈帝国领土的特兰西瓦尼亚地区，形成统一的民族国家。

第二次世界大战中，国王卡洛尔二世保持了浓重的亲纳粹色彩，罗马尼亚站在了德国一方参战。1944 年，苏联红军进入罗马尼亚，罗马尼亚转而加入反德战争同盟。

"二战"中战败后，苏军攻占布加勒斯特。罗马尼亚被纳入苏联统治下，1952 年成立罗马尼亚人民共和国，1955 年加入华约组织。

1965 年，齐奥塞斯库当政，改名罗马尼亚社会主义共和国。1989 年 12 月，政权剧变，齐奥塞斯库政权被推翻，罗马尼亚救国阵线接管国家权力，改国名为罗马尼亚。2004 年加入北约，2007 年加入欧盟。

罗马尼亚是个风景类型多样的国家，特别是中部的喀尔巴阡山锡纳亚地区，山势峻峭，云雾缭绕，是著名的避暑胜地，还有那保留着中世纪街道的美丽古都克拉索夫，都给人留下深刻印象。

佩雷什王宫的东立面

布加勒斯特
Bucharest

  布加勒斯特是罗马尼亚首都,位于国土东南部,南喀尔巴阡山脉南面的瓦拉几亚平原中部,多瑙河支流登博维察河畔,人口235万,面积605平方千米,是罗马尼亚政治、经济、文化的中心。布加勒斯特在罗马尼亚语中意为"欢乐之城"。

  相传在13世纪前,有一个名叫布库尔(意为"喜悦之意")的牧羊人赶着羊群,来到登博维察河畔定居,此后他的子孙被称为布库勒什蒂,城市从此得名。如今登博维察的河边竖立着一座以牧羊人名字命名的蘑菇形塔顶小教堂。

  14世纪时这里建有村镇。1459年,建要塞。1659年成为瓦拉几亚公国首都。18世纪为东南欧仅次于君士坦丁堡的第二大城市。1859年,瓦拉几亚和摩尔多瓦合并,1862年合称罗马尼亚,并成为首都。

  20世纪初期,布加勒斯特有"巴尔干的小巴黎"之称。"二战"中遭严重破坏。战后城市重建,但建筑式样较单一。绿化环境较好,全市有大小公园五十多个,面积达3500万平方米,绿树成荫,花木繁茂。但在齐奥塞斯库统治时期,许多教堂和历史建筑遭到破坏,现在的市区内很少有历史景点。

EROILOR
AERULUI

罗马尼亚

海鸥公园纪念柱

凯旋门。建于1921年，为纪念"一战"后罗马尼亚的统一而修建

乡村博物馆

布加勒斯特

由齐奥塞斯库于 1984 年下令修建的"人民宫",单体建筑面积达 365000 平方米,规模浩大,据说在世界上仅次于美国五角大楼

罗马尼亚

海鸥公园的吉他小品

海鸥公园湖畔的海锚小品

市中心的革命广场（1886年至1888年建），背景为"人民宫"

布拉索夫
Brasov

　　布拉索夫位于布加勒斯特西北约 170 千米处，是布拉索夫县的首府，被南喀尔巴阡山脉所围绕，是罗马尼亚第七大城市，人口 34 万。13 世纪初建城。罗马尼亚国歌的诞生地。城市是 12 世纪时由德国人建造的，后来又经过罗马尼亚人、匈牙利人而发展起来。

　　布拉索夫是一座景色美丽的保留着中世纪风格的古老城市，城市建筑有强烈的德国风格。市内的黑教堂是罗马尼亚主要的哥特式建筑，从市区去布兰城堡约半个小时的车程。

历史博物馆。位于斯法图路易广场中央，是 1420 年建造的老市政厅。在高达 60 米的瞭望塔上挂有一口大钟。城中一旦有特别事情发生，这口大钟就会敲响，通知城中人们。馆内展示布拉索夫地区的艺术品及历史资料等。

罗马尼亚

上图为老城市中心斯法图路易广场及中心喷水池，下图为广场周围建筑

黑教堂，耸立于城市中心，建于1383年的哥特式建筑，高约65米，是特兰西瓦尼亚地区最大的后哥特式教堂。从14世纪后半期到15世纪初，德国人历经了约八十年时间终于建成。1689年，曾遭到哈布斯堡军队攻击和焚烧，教堂的外墙变成了焦炭色，教堂由此得名。在教堂内有罗马尼亚最大的管风琴，有约四百根管弦和四段键盘

布拉索夫位于古坦帕山和波斯塔瓦鲁山脚下，这是薄雾中的山城

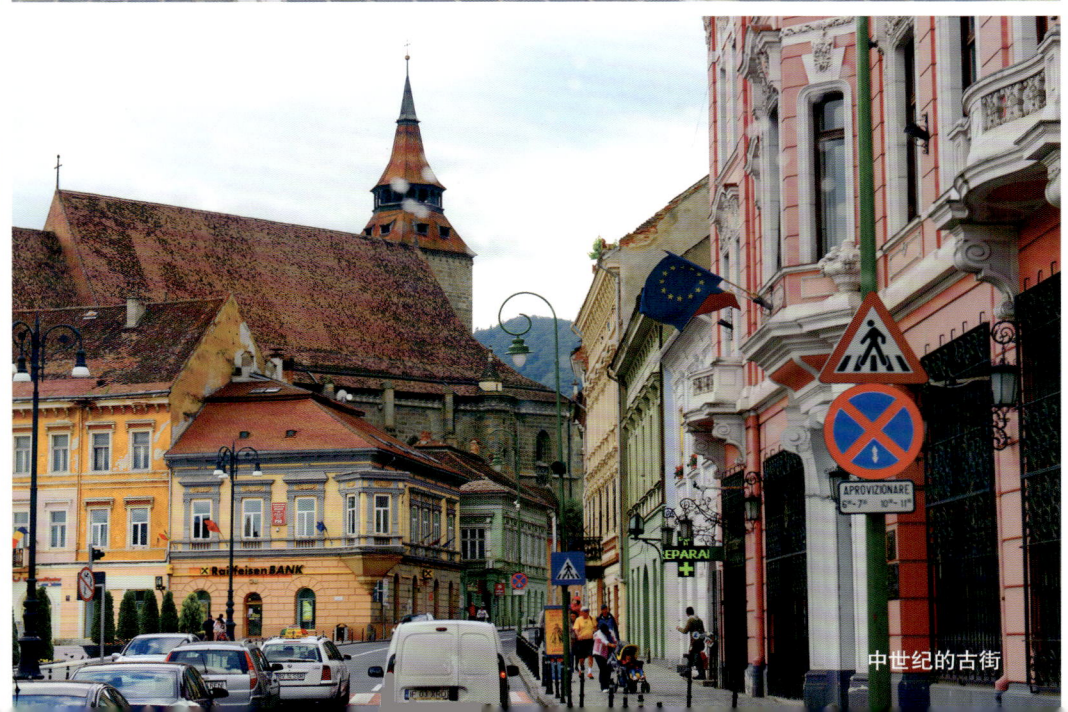

斯法图路易广场四周的街道和城市风貌　　　　　　　　　　　　　　　　　　　　　　　　　　　　　　　　中世纪的古街

布兰城堡
Bran Castle

  布兰城堡又称德古拉堡，位于布拉索夫市西南26千米处，耸立于布切基山脚下布兰村的岩石山上，是典型的中世纪城堡。
  该城堡是1377年由德国商人建造的，是为了尽早发现从瓦拉几亚平原入侵的奥斯曼王朝的士兵。14世纪末，这里成了瓦拉几亚公爵弗拉德一世居住的城堡。这座城堡之所以成名是因为19世纪末爱尔兰作家史托克撰写的非常著名的小说《德古拉》，其中的故事就以这座城堡为背景，而主人公正是"吸血鬼"德古拉公爵，这部小说被多次改编为影视作品搬上银幕，其中以《惊情四百年》较为忠实于原著。"吸血鬼"德古拉公爵是一个非常残忍的人，曾经把奥斯曼军队的士兵用桩子吊起来，因此他就有了"串刺公爵"的别号。由于故事深入人心，这座城堡也就叫"吸血鬼"城堡。城堡高耸于100多米的孤峰上，登石阶而上，进大门后，堡内楼梯狭窄陡峭，灯光幽暗，有几分恐怖阴森的气氛。城堡中有当时国王办公室等房间，在塔楼上可以欣赏到特兰西瓦尼亚的田园景色，现城堡已改为历史、艺术博物馆。

布兰城堡外观

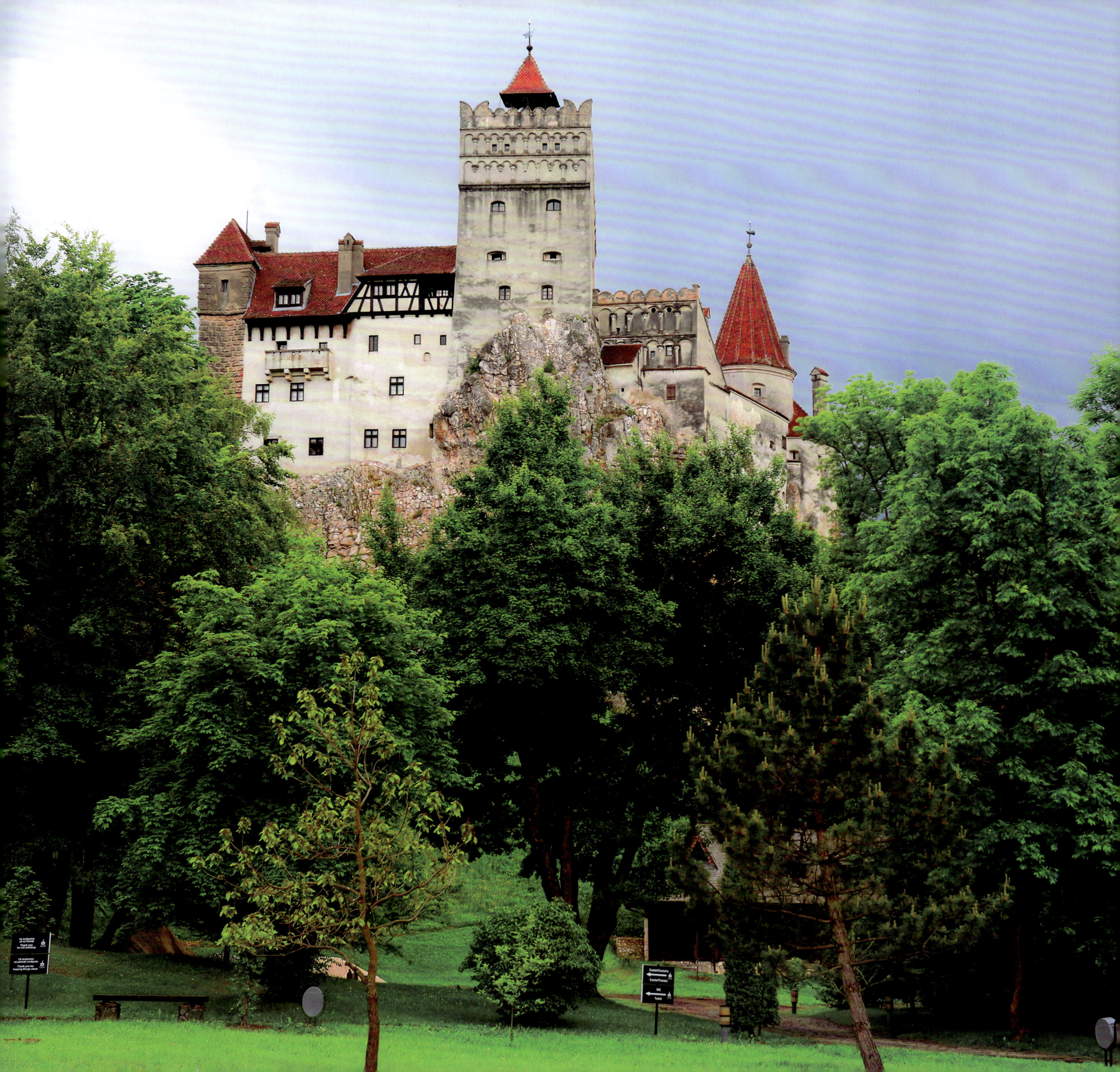

罗马尼亚

去布兰城堡途中的南喀尔巴阡山脉中雄奇险峻的布切基山

在山道上仰视城堡

赴布兰城堡途中的乡村景色

布兰城堡

城堡的内院

布兰城堡附近的度假屋

布兰城堡中世纪内院，幽古而神秘

锡纳亚佩雷什城堡
Castel Peles in Sinaia

　　锡纳亚位于布加勒斯特以北约 120 千米，在普拉霍瓦河上游谷地海拔 844 米的山坡地上，是一座风景优美、冬暖夏凉的旅游小镇，是南喀尔巴阡山区的疗养和旅游中心，有许多旅馆、疗养院、野营地以及古老的城堡、修道院等，其中以佩雷什王宫最为著名。

　　佩雷什王宫始建于 1873 年，竣工于 1883 年。1866 年，当时的罗马尼亚联合王国的国务会议决定，请德国亲王卡洛尔当罗马尼亚国王。1872 年，卡洛尔国王请德国建筑师建造佩雷什王宫。王宫的外观体现了文艺复兴时期的风格，采用哥特式的建筑形式，三个尖塔直指天空，宫殿前面的大理石平台上有水池和千姿百态的石雕。王宫选址在一个空阔高远的坡地上。周围花树环绕，绿草茵茵，令人赏心悦目，是巴尔干半岛少有的美丽景色。宫殿内部富丽堂皇，陈设雍容华贵，音乐厅、宴会厅、小剧场、议事宫、办公室、起居室等一百六十多个房间，反映了王室的非凡气派。由于是国王夏季避暑的离宫，故亦称夏宫。

锡纳亚佩雷什城堡

佩雷什王宫恢宏精丽的外立面

罗马尼亚

佩雷什王宫的正面

这四组建筑是位于佩雷什王宫附近的德国风格别墅

锡纳亚佩雷什城堡

佩雷什王宫附近的宫殿式建筑,现作为旅游设施,接待游客,据说当年齐奥塞斯库曾在这里右侧楼下用餐

王宫右侧的附属独立住宅,绮丽的立面处理给人带来美的享受

此二图为王宫一侧的别墅

罗马尼亚

佩雷什王宫的侧立面

王宫的室外装饰

王宫附近的独立别墅

锡纳亚佩雷什城堡

王宫南部的花园。绿色的草坪与错落有致的树丛、树群烘托着清新高雅的艺术氛围

罗马尼亚

会客接待厅

会议厅

二楼入口过厅

二楼走廊

小剧场

锡纳亚佩雷什城堡

以上三图为王宫的室外环境

附近的独立别墅

王宫局部侧面透视

罗马尼亚

由东向西透视的王宫南立面

锡纳亚佩雷什城堡

由西向东透视的南立面

罗马尼亚

此四图均为王宫室外装饰，取材于希腊神话的雕塑，美轮美奂，令人目不暇接，石栏、台阶无不起到衬托建筑的雄伟和华美的作用

锡纳亚佩雷什城堡

内外交融的建筑艺术和园林艺术美到极致

霍雷祖修道院
Horezu Monastery

世界遗产

  霍雷祖修道院，一译为胡雷兹，Horezu 修道院，位于罗马尼亚南部，布加勒斯特以西约 200 千米，由康斯坦丁·勃兰科温王子于 1690 年在瓦拉几亚建立，是勃兰科温风格的代表作。围绕主教堂而布局，周围是主教堂的一系列次教堂，整体布局东西对称。修道院以其建筑的纯度和均衡感、建筑细节的丰富性、宗教构图的处理以及装饰性绘画而著名。该修道院 18 世纪的壁画及雕刻画确立了其在巴尔干地区修道院建筑中的绝对地位。

  18 世纪，勃兰科温风格已传遍瓦拉几亚，到达特兰西瓦尼亚地区，成为一种榜样和民族风格，也是后拜占庭艺术的风格。

  修道院原系勃兰科温君王为他本人及家人安置墓葬处所而建，但因君王试图说服维也纳和莫斯科大使加入反奥斯曼联盟，被判"叛国罪"，最终他和四个儿子于 1714 年 8 月一起被土耳其苏丹宫廷斩首而未能葬入修道院，只保存着他的空石棺。

  霍雷祖修道院于 1993 年被联合国教科文组织列入世界遗产名录。

霍雷祖修道院

修道院的外景

罗马尼亚

世界遗产霍雷祖修道院一景

修道院18世纪的壁画和圣画像传统学派在整个巴尔干都十分著名

霍雷祖修道院

简而益简的布局，悠远古拙的境界

东侧的住处

屋不在高，花不在多，简约含蓄方为上品

院墙外的附属用房

罗马尼亚

此处为特尔戈维泰市中世纪古村寨遗址，有雕楼、教堂、公共建筑等设施，是一座露天的乡村博物馆。这是雕楼上俯视的村寨局部

特尔戈维泰

这是眺望远景的雕楼，出于保护村寨安全所筑

古遗址博物馆入口

住宅及附属设施遗迹

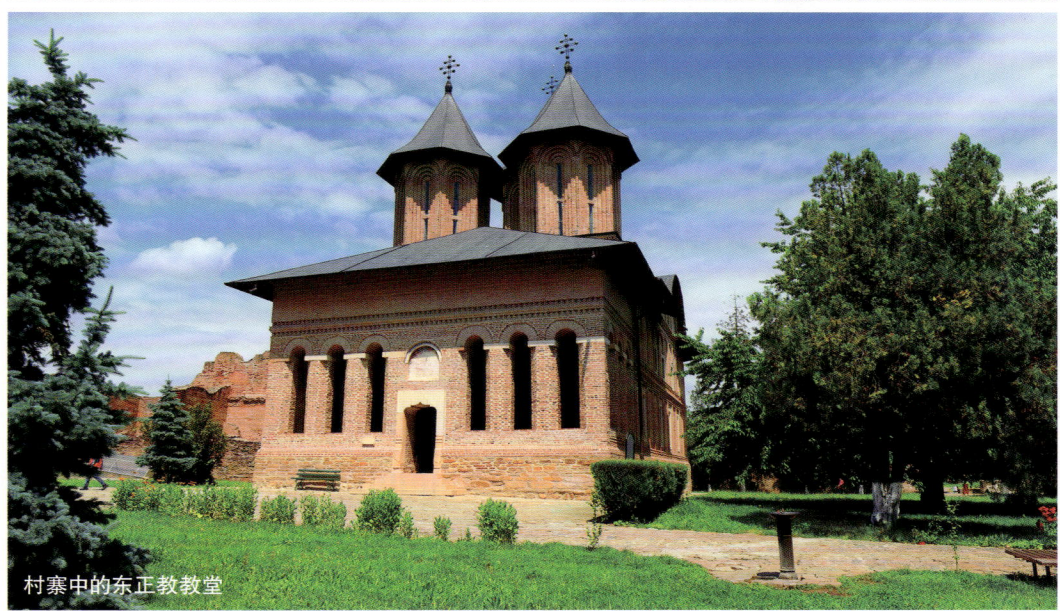

村寨中的东正教教堂

村寨外的罗马尼亚乡村景色

保加利亚

保加利亚位于巴尔干半岛东部，东临黑海。全境地形起伏多变，分布着高山、丘陵、盆地、平原、低地和河谷，斯塔拉山脉横贯中部，成为保加利亚的"脊梁"。北部与罗马尼亚接壤处的多瑙河是最主要的河流。保加利亚是欧洲重要的农业国，是世界著名的玫瑰花产地，号称"玫瑰之国"，可提炼的玫瑰精油占世界产量的70%，享有巴尔干"果园、菜园、花园"的美誉。保加利亚人淳朴、正直，很有人情味。在一年一度的保加利亚玫瑰节上，从穿上五彩缤纷的各种民族服装载歌载舞的老、中、青、少的人们身上，你会充分感受到他们热情、豪放的民族特质。全国面积110993平方千米，人口780万。在远古时代，最早于此定居的是印度裔的色雷斯人，出土的文物说明，这里有世界上最古老的黄金文明。

公元前7世纪的希腊人和公元前4世纪的马其顿人从黑海沿岸向该地区进行殖民扩张，并发展成强大的势力。后来随着这些国家的衰退，罗马帝国乘势扩张，公元46年，将整个巴尔干半岛收归其下。罗马帝国在395年分裂后，拜占庭帝国（东罗马帝国）成为保加利亚的统治者。

6世纪时，斯拉夫人开始在保加利亚定居。7世纪后半期亚斯帕尔夫大汗率领亚洲裔布尔加尔人（最初的保加利亚人）侵入，并与斯拉夫人联手战胜拜占庭帝国，681年成立保加利亚第一王国。在波里斯一世（853年~889年）的统治下，保加利亚王国达到了全盛时期，并将基督教定为国教，到了西美昂一世（893年~927年）统治时期，发展成巴尔干半岛最强大的国家。但西美昂一世死后，没有继承者，迅速衰落。1018年，最终又被拜占庭帝国消灭。

1187年，在特尔诺沃的领主佩诺尔兄弟的率领下，人们发动起义反对拜占庭势力，最终独立，成立保加利亚第二王国，国王是亚森，首都建在特尔诺沃。到亚森二世时，开始建造具有自己建筑风格特色的修道院。但亚森二世死后，国力又衰退。1396年，被奥斯曼帝国征服，从此开始了长达五百年的奥斯曼帝国统治时期。

15世纪至19世纪被称为民族复兴时代。1878年，由于俄罗斯向奥斯曼帝国发起的战争取得胜利，保加利亚终于获得解放。但欧洲列强觊觎奥斯曼帝国统治下的巴尔干半岛领土，英国、法国、奥斯曼帝国等诸多列强分别成为巴尔干多国的幕后支持者，同时巴尔干各国为了自身利益参与其中，最终引发了巴尔干战争。在1912年的第一次巴尔干战争中，保加利亚的领土得到扩张，但在1913年的第二次巴尔干战争中，保加利亚失去了第一次战争中获得的领土。在两次世界大战中，保加利亚都追随德国，最终成为战败国。1946年9月，国王制被废除。保加利亚人民共和国宣告成立。

1989年，保加利亚政局发生剧变。11月，佩特尔·姆拉德诺夫取代日夫科夫担任保加利亚共产党中央总书记和国务委员会主席。1990年，实行多党制和市场经济，保加利亚共产党改称保加利亚社会党。1990年11月，国名改为保加利亚共和国。2004年3月加入北约。2007年1月加入欧盟。

亚历山大·涅夫斯基教堂是世界上最大的东正教教堂之一。位于索菲亚中心的同名广场上，为纪念1877年至1878年俄土战争俄国解放保加利亚而建，从1909年起，历时十年，这座新拜占庭式建筑终于落成。教堂以俄国沙皇亚历山大三世命名，占地面积3170平方米，镀金圆顶高45米，能容纳一万人。

里拉修道院
Rila Monastery

世界遗产

　　里拉修道院，位于索非亚以南约120千米，在皮林国家公园的边缘，里拉山的深山里，里拉河流水潺潺，环境幽雅深奥，有一种"深山藏古寺"的神秘氛围。海拔1200米，它是保加利亚东正教的总部，占地面积8800平方米。

　　里拉修道院建于10世纪，由圣胡安·德里拉隐士建造，最初建造的是一座小型修道院，在中世纪时成为宗教和文化中心。如今的修道院是14世纪重新修建的。当时，在国王的庇护下，文化硕果累累。在奥斯曼帝国统治的五百年间，伊斯兰文化占据统治地位，但只有在里拉修道院里才被默认可以进行相关活动。在最盛时，这里的三百六十多个房间可同时供上万名朝圣者住宿。如今的修道院是建筑、艺术、宗教、教育的中心，由十一座建于不同时期的教堂，二十座建于14世纪至19世纪的住宅楼和一座半圆形的四层楼组成。

　　修道院在1833年的一场大火中基本上被烧毁。1834年至1862年，对其进行了修复。其中1355年修建的赫拉吕塔是唯一幸免于大火的建筑。19世纪重建后的修道院占地不规则，有南北两个大门。

　　1983年，联合国教科文组织将里拉修道院列入世界遗产名录。

里拉修道院

圣母诞生教堂外围护廊，像是圣母的守护者一样，拱券门上满是黑色条纹图案，极具特色。穿过拱券门，外墙和教堂内部的天花板上布满了精美的壁画

在 19 世纪的一场大火中，只有几座塔幸免，至今还保留了 14 世纪时的原貌

造型独特、色彩鲜明的裙房

里拉修道院

院内众多的建筑立面，形象鲜明，风格独特

气势宏伟的围廊及裙房,其廊柱的形式和韵律感夺人眼目,使人不得不凝视良久

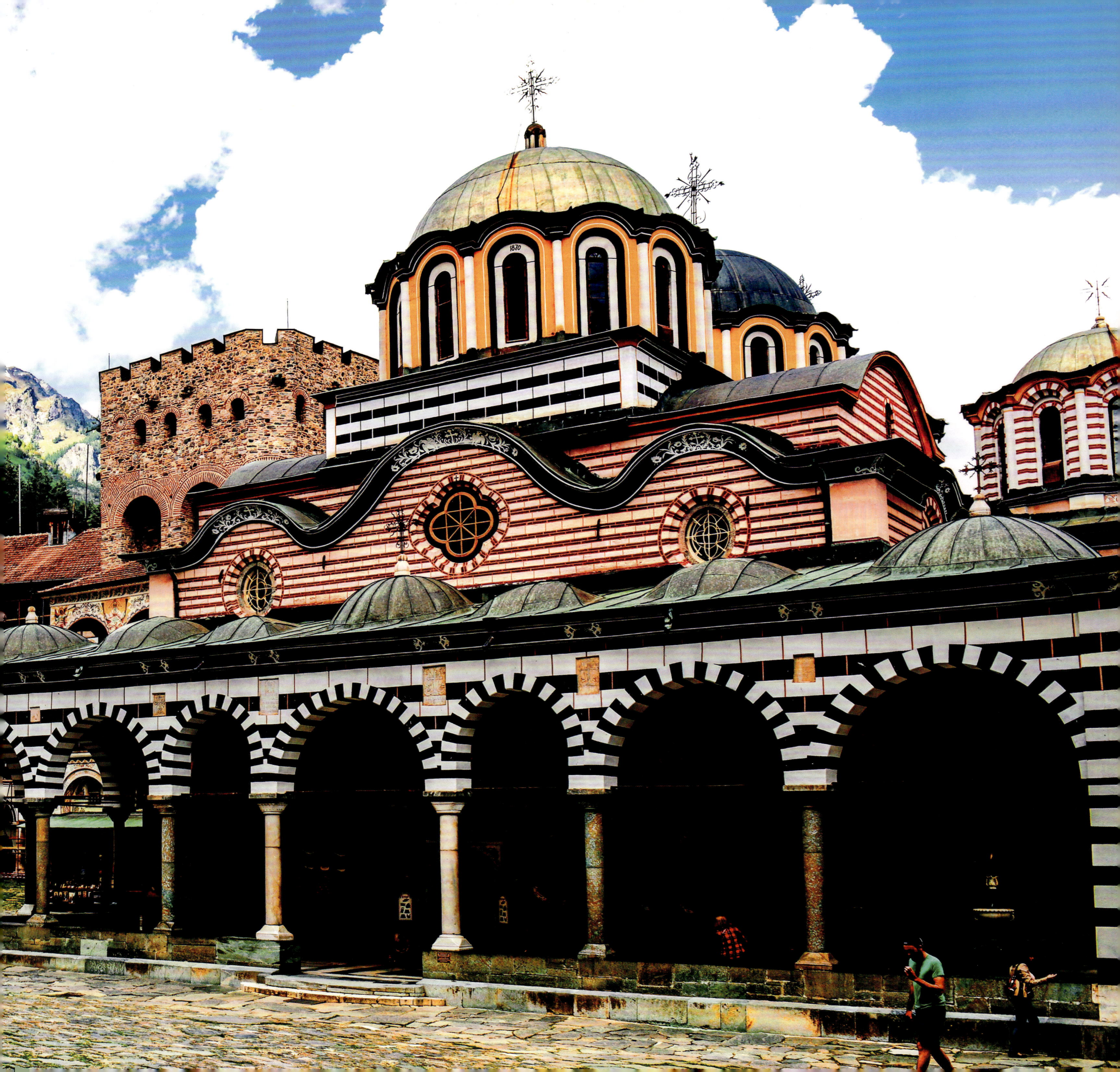
1870

保加利亚

教堂廊檐下色彩艳丽的反映中世纪艺术的彩画

里拉修道院

索非亚
Sofia

　　索非亚，位于保加利亚西部，地处巴尔干半岛的中央，是在维托莎山麓海拔550米高地上建成的城市。在欧洲国家的首都中，其海拔仅次于西班牙的马德里。索非亚北靠斯塔拉山脉，南依维托莎山，西临刘林山，位处盆地中央。它是连接亚得里亚海和黑海的交通要道，是战略要冲，自古就因商贸往来而繁荣。

　　公元前7世纪，由古代色雷斯人建造，在罗马时代被称为"塞尔迪卡"。7世纪时，由斯拉夫人取名。11世纪时，受拜占庭帝国的统治，又更名为"特里亚迪察"。14世纪时，始名"索非亚"，城市中的圣索非亚教堂就是这时建造的。1396年，奥斯曼人占领保加利亚。1879年，被定为首都。1908年，保加利亚脱离奥斯曼帝国宣布独立，索非亚成为独立的保加利亚首都。索非亚被称为花园城市，它的街道、广场、住宅区都掩映在一片葱绿之中，建筑物大都为白色、浅黄色，与绿树红花相映。索非亚在奥斯曼帝国占领期间，城市受到很大破坏，古建筑较少，只有两座教堂。由于历史原因，老城区里有基督教堂，也有伊斯兰清真寺，两种宗教文化融合在一起，使这座城市具有独特的氛围。

亚历山大·涅夫斯基东正教大教堂

保加利亚

清真寺前的古罗马塞尔迪卡遗迹（2世纪~14世纪）许多均在地下参观

俄罗斯教堂

索非亚市中心的巴尼亚·巴希·加米亚清真寺，由奥斯曼帝国最杰出的设计师米马尔·斯南设计，位于马利亚·路易扎大街的中心，是奥斯曼帝国统治时代留存至今的为数不多的建筑物之一

国家美术馆

市中心鲍里斯公园对面的国家美术馆

索非亚

城市艺术画廊建筑墙体的色彩，有里拉修道院的元素

鲍里斯公园的喷水池

古罗马堡垒遗迹

塞尔迪卡遗迹的地上建筑

市中心街景

鲍里斯公园的喷水池

从另一角度看亚历山大·涅夫斯基大教堂

皮林国家公园
Pirin National Park

世界遗产

皮林国家公园位于保加利亚西南部，占地面积274平方千米。这里的地貌主要由石灰岩、湖泊、瀑布和松林组成。公园内山地十分崎岖，七十多个冰川湖泊分布其中。这里生活着许多当地物种和珍稀物种，其中许多是巴尔干半岛上生物的典型代表。由于人类活动的影响，公园中的林木线已基本下降到海拔2000米，但有些地区仍处于海拔2200至3000米。相对独立的地理环境使皮林国家公园成为许多物种的重要庇护所。由于时间局促，我们未能进入公园深处一睹自然奇景。1983年，皮林国家公园被联合国教科文组织列入世界自然遗产名录。

这是皮林国家公园入口处接待服务中心的一组照片。这里的建筑依山而筑，环境宜人，起居舒适，具有保加利亚民族建筑的元素。

田萨莉亚
Teasaleria

历史文化城镇田萨莉亚是卡赞勒克附近的一座古老小镇。小镇环境宁静优雅，公园面积很大。在绿树葱茏中，有古罗马的地下遗址以及地下温泉，人文和自然结合得十分和谐。小城由雄浑的古城墙环绕，更显古朴而厚重，令人发思古之幽情。

古罗马遗址

古罗马城墙

卡赞勒克（玫瑰谷）
Kazanlak

保加利亚是世界玫瑰香料的最主要产地，占世界市场份额的 70% 以上。其中大部分精油都是从巴尔干山脉和斯雷德纳·格拉山脉中间的"玫瑰谷"中采摘玫瑰后加工而成的。位于保加利亚中部的长约 90 千米，宽约 10 千米的山谷，气候温和，土壤肥沃，特别适宜玫瑰花的生长。

卡赞勒克是玫瑰谷的中心地，其名意指蒸馏玫瑰的"铜锅"。

"玫瑰节"是保加利亚最为盛大的节日和民间活动，在 5 月的收获期，人们黎明就开始采摘玫瑰，男女老少身着各种民族服装，载歌载舞，欢庆玫瑰丰收。

玫瑰被称为"保加利亚的黄金"。玫瑰谷不仅是玫瑰的产地，还是 19 世纪民族复兴运动的活动地。反对奥斯曼帝国统治的革命志士，在此间建立了民族独立革命的根据地。

汽车上中立者为玫瑰王后

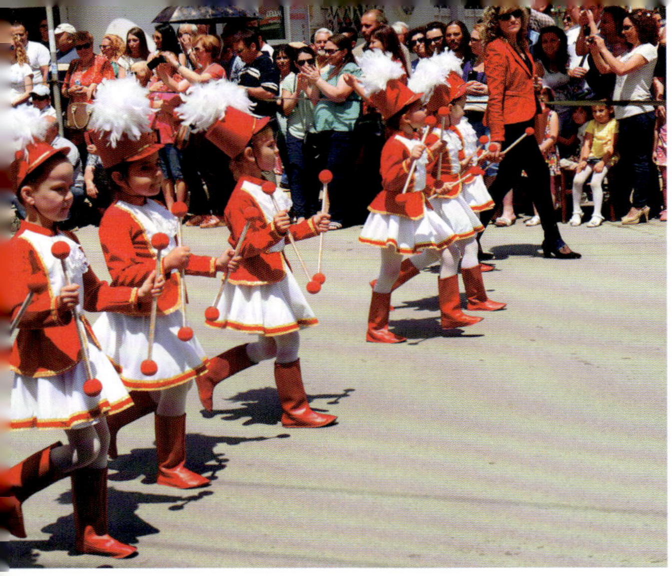

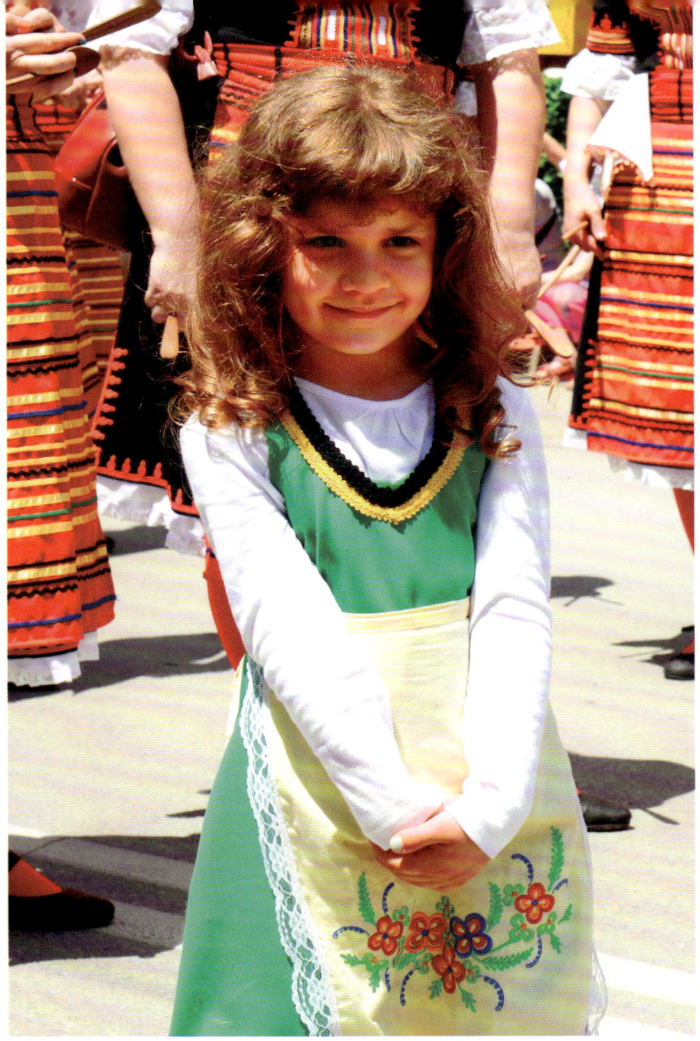

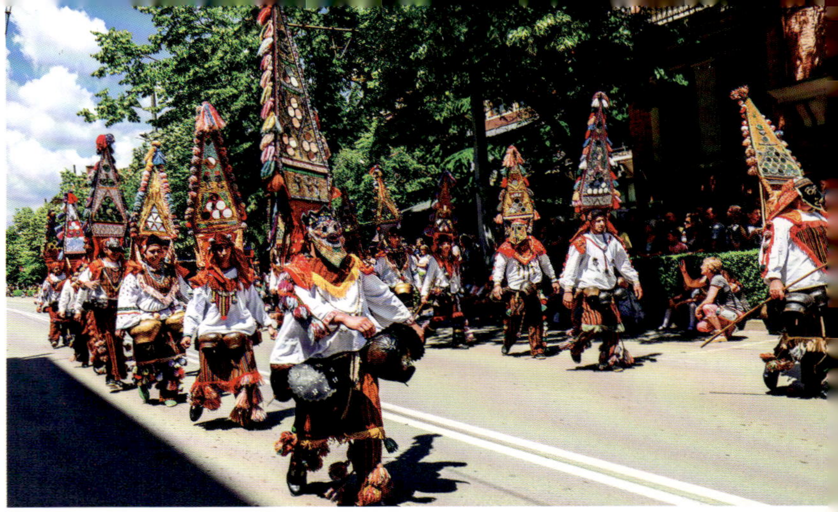

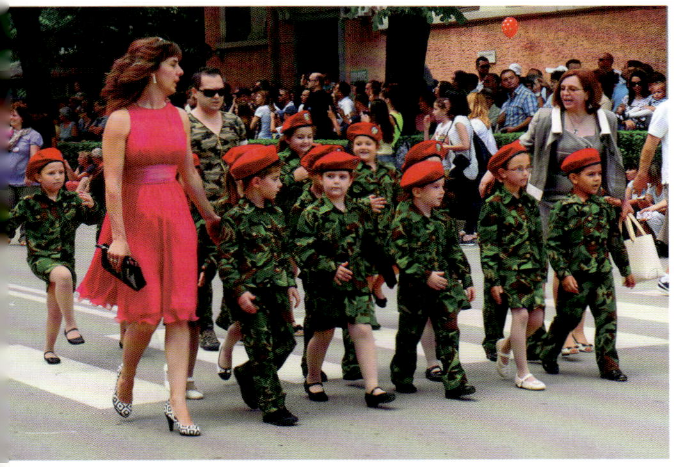

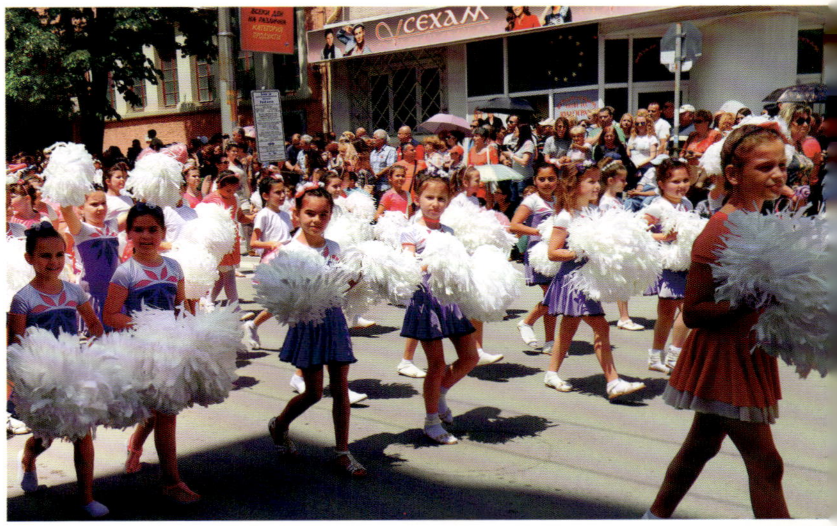
СЕХАМ

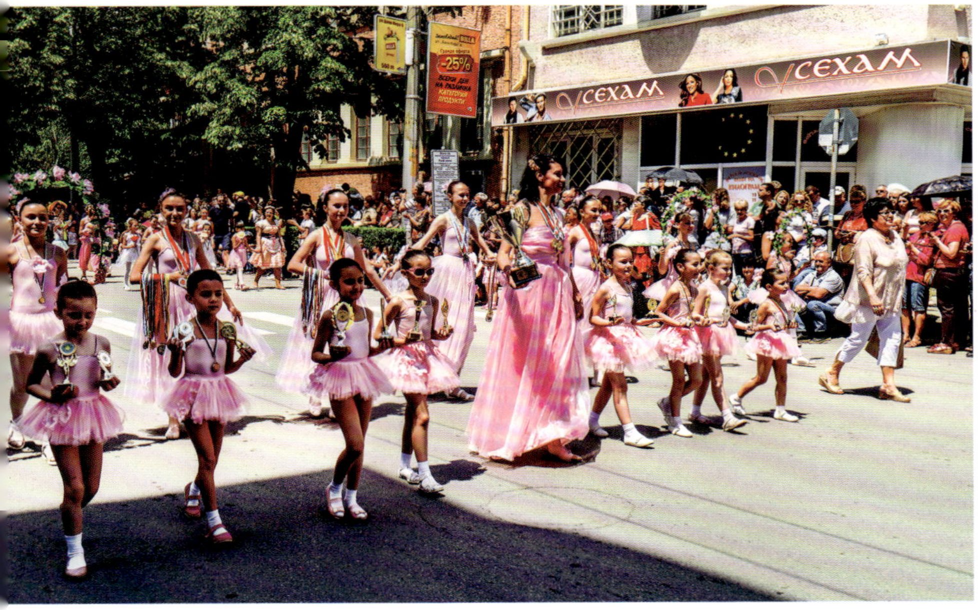
-25%
СЕХАМ

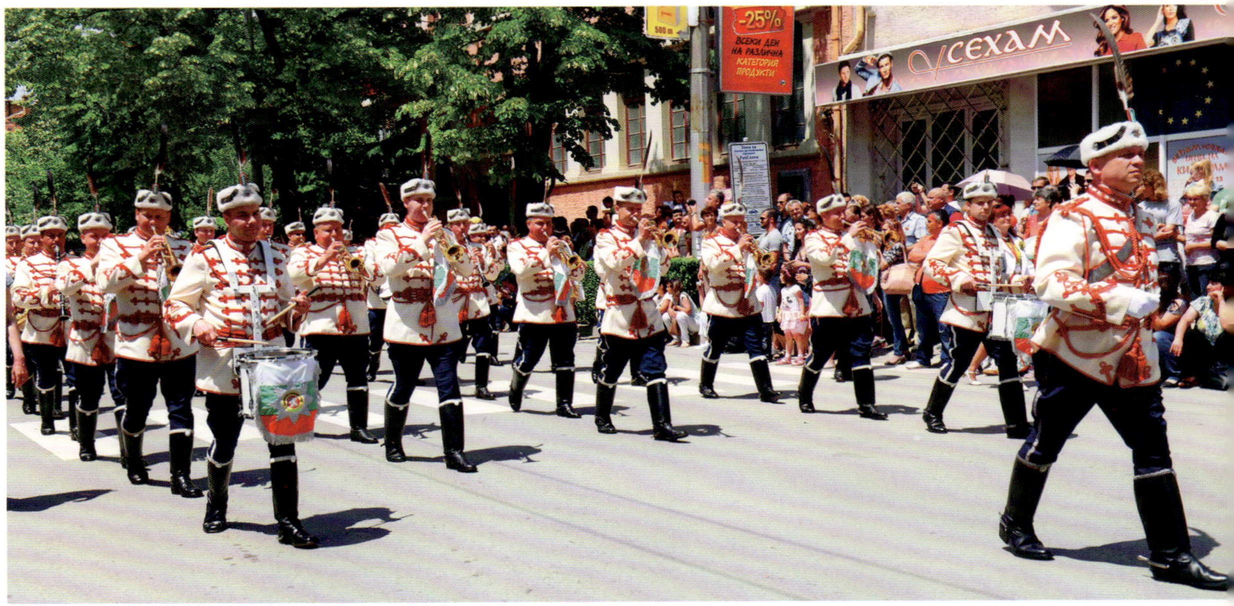
-25%
СЕХАМ

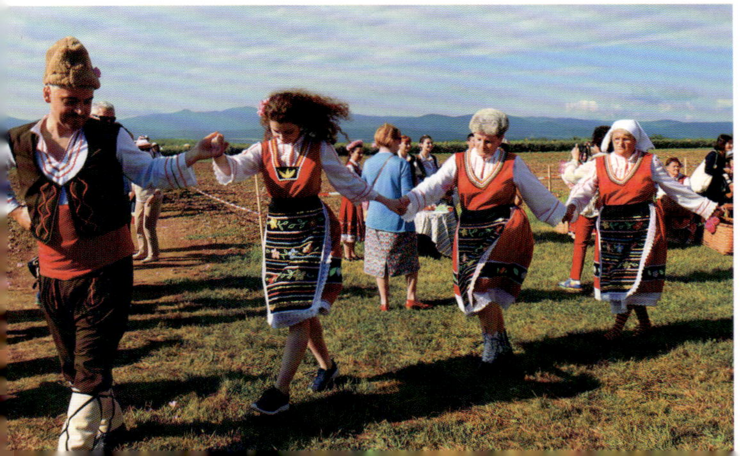

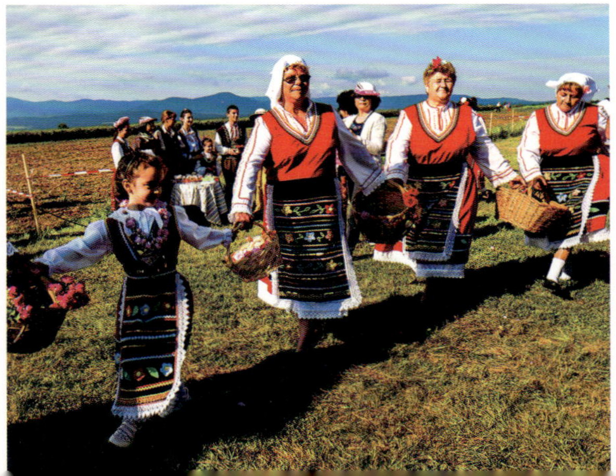

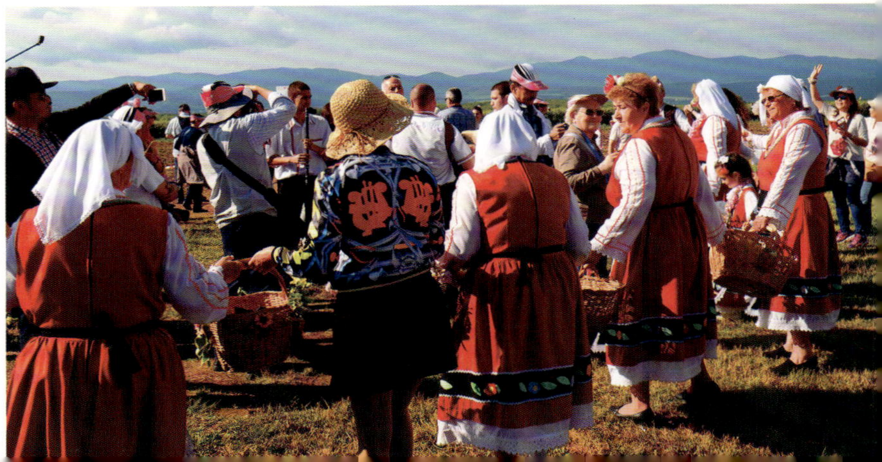

保加利亚

邻近玫瑰谷的大特尔诺沃山城小镇

作者介绍

2012 年 5 月摄于英国阿利庄园（周伟国 摄）

施奠东

  1939 年出生于"东海瀛洲"——上海市崇明岛，1961 年毕业于北京林学院（今北京林业大学）园林专业。高级工程师。中国风景园林学会终身成就奖获得者。建设部风景名胜专家顾问，中国风景园林学会顾问，杭州市城市规划专家咨询委员。曾任杭州市园林文物局局长、总工程师等。

  主编《西湖志》《西湖风景园林》《西湖文献丛书》《西湖园林植物景观艺术》等著作，撰写论文、文章数十篇，其中，《西湖钩沉》获中国风景园林学会论文一等奖，《西湖园林植物景观艺术》获中国风景园林学会科技进步一等奖。曾主持编制《西湖风景名胜区总体规划》，主持建设西湖环湖公园绿地、灵峰探梅、太子湾公园、郭庄、中国茶叶博物馆等项目。为重建雷峰塔竭尽心力，是方案评审专家组组长。

2005 年 7 月摄于匈牙利布达佩斯

刘延捷

  教授级高级工程师，享受国务院政府特殊津贴的园林专家。杭州西湖太子湾公园主设计师兼造园师，太子湾公园规划设计获国家建设部 1995 年度优秀规划设计一等奖。

  江苏镇江人。1961 年，云南大学生物系生态地植物专业本科毕业。1956 年至 1957 年，就读于四川美术学院。在杭州西湖从事园林艺术和园林设计工作四十余年。1986 年，与姚毓璆、潘仲连先生合著出版《盆景制作与欣赏》。1990 年，参与编著《西湖风景园林》，1992 年，参与编著《生活情趣集成》，1995 年，参编《西湖志》，2015 年，参与编著《西湖园林植物景观艺术》等专业书籍。1992 年，在中国美术学院美术馆举办个人画展，1994 年，出版《刘延捷画集》。

2005 年 7 月摄于奥地利萨尔茨堡

责任编辑　卞际平
文字编辑　曲飒飒
装帧设计　任惠安
责任校对　高余朵　朱晓波
责任印制　朱圣学

策　　划　章克强

摄　　影　施奠东　刘延捷
　　　　　（张渭林、倪芸英、周伟国、廖金、王欢所摄照片署名于照片后）

图书在版编目（CIP）数据

世界名园胜境. Ⅳ / 施奠东, 刘延捷著. —— 杭州：
浙江摄影出版社, 2017.12
ISBN 978-7-5514-2083-9

Ⅰ. ①世… Ⅱ. ①施… ②刘… Ⅲ. ①园林 – 世界 –
摄影集 Ⅳ. ①TU986.61-64

中国版本图书馆CIP数据核字(2017)第310747号

世界名园胜境 Ⅳ

施奠东　刘延捷　著

全国百佳图书出版单位
浙江摄影出版社出版发行
　　　地址：杭州市体育场路347号
　　　邮编：310006
　　　网址：www.photo.zjcb.com
　　　电话：0571-88169392　85151103
制版：浙江新华图文制作有限公司
印刷：浙江影天印业有限公司
开本：890×1240　1/12
印张：34
2017年12月第1版　　2017年12月第1次印刷
ISBN 978-7-5514-2083-9
定价：368.00元

本书名园胜境分布示意图

德国
01. 柏林
02. 波茨坦宫殿（无忧宫）
03. 萨西林霍夫宫（波茨坦）
04. 德绍·沃利茨园林/宫苑公园
05. 德累斯顿
06. 慕尼黑
07. 宁芬堡宫苑
08. 海伦基姆湖宫苑
09. 林德霍夫宫/堡
10. 鹰堡
11. 加米施·帕滕基兴
12. 维斯教堂
13. 新天鹅堡（附老天鹅堡）
14. 斯图加特
15. 海德堡
16. 卡尔斯鲁厄宫苑
17. 路德维希堡
18. 法兰克福
19. 吕德斯海姆
20. 特里尔
21. 莱茵河中游河谷
22. 黑森林滴滴湖
23. 亚琛大教堂
24. 科隆大教堂
25. 海伦豪森宫苑（汉诺威）
26. 吕贝克
27. 汉堡
28. 不来梅
29. 不来梅杜鹃园

捷克
30. 布拉格
31. 克洛姆罗夫
32. 布杰约维采
33. 卡罗维发利
34. 布尔诺（图根德哈特别墅）
35. 卢泊卡城堡
36. 泰尔奇历史中心

匈牙利
37. 布达佩斯
38. 维谢格拉德城堡
39. 埃斯泰尔戈姆大教堂
40. 巴拉顿湖

斯洛伐克（布拉迪斯拉发）

塞尔维亚
42. 贝尔格莱德
43. 民族文化村

波斯尼亚和黑塞哥维那（波黑）
44. 萨拉热窝
45. 莫斯塔尔

黑山
46. 科托尔

阿尔巴尼亚

马其顿
48. 奥赫里德
49. 斯科普里

罗马尼亚
50. 布加勒斯特
51. 布拉索夫
52. 布兰城堡
53. 锡纳亚佩雷什城堡/王宫
54. 霍雷祖修道院
55. 特尔戈维什泰

保加利亚
56. 里拉修道院
57. 索非亚
58. 皮林国家公园
59. 田萨莉亚
60. 卡赞勒克